Babagana Mohammed Gubo
Alkali Umara Usman
Ismaila Mohammed

Resposta da Celosia (Celosia A. L.) ao azoto, à sementeira e à taxa de sementeira

AF625248

Babagana Mohammed Gubo
Alkali Umara Usman
Ismaila Mohammed

Resposta da Celosia (Celosia A. L.) ao azoto, à sementeira e à taxa de sementeira

ScienciaScripts

Cover image: www.ingimage.com

This book is a translation from the original published under ISBN 978-620-2-06231-2.

Publisher:
Sciencia Scripts
is a trademark of
Dodo Books Indian Ocean Ltd. and OmniScriptum S.R.L publishing group

120 High Road, East Finchley, London, N2 9ED, United Kingdom
Str. Armeneasca 28/1, office 1, Chisinau MD-2012, Republic of Moldova, Europe
Printed at: see last page
ISBN: 978-620-8-24508-5

ÍNDICE DE CONTEÚDO

CAPÍTULO UM

1.0 INTRODUÇÃO

1.1 ANTECEDENTES

A Celosia argentea (L.), também conhecida como espinafre de Lagos (Badra, 1991), é uma cultura hortícola de folha pertencente à família Amaranthaceae. A cultura é muito popular no sudoeste da Nigéria devido à suavidade da textura da folha e é popularmente chamada "sokoyokoto", que significa "tornar os maridos gordos e felizes" pelos Yorubas (Schippers, 2000). A celosia tem um valor nutritivo muito elevado e tanto o grão como a folha são amplamente utilizados e transformados em muitos produtos alimentares, suplementos e aditivos (NIHORT, 1986; Akingbala *et al.,* 1994). O vegetal é reconhecido por possuir um elevado valor nutricional de nutrientes essenciais como o cálcio, o fósforo, o ferro e outros componentes importantes como as vitaminas A e C, fibras, hidratos de carbono, gorduras e um elevado valor calórico (Badra, 1991). Contém um elevado nível de proteínas com o ciclo C3 da fotossíntese, o que lhe permite um desempenho ótimo em condições de sombra parcial (Badra, 1991, Schippers, 2000).

A cultura é predominantemente produzida na Nigéria por agricultores com poucos recursos e em hortas compostas, onde é intercalada com culturas arvenses para produzir alimentos suficientes para satisfazer as suas necessidades alimentares e monetárias (Akinyemi e Tijani-Eniola, 1997) e para minimizar o risco de fracasso da cultura. É possível obter um rendimento médio de 7,60 t ha^{-1} , embora este valor seja limitado por práticas culturais obsoletas empregues na sua produção, como a não utilização de estrume/fertilizante, métodos de sementeira inadequados, espaçamento entre plantas, entre outros (FAO, 2004). Para a produção comercial, o desempenho ótimo da cultura é altamente desejável através de mudanças nas práticas culturais (Sterrett e Savage, 1989), incluindo a fertilização do solo da cultura, com matéria orgânica para aumentar o crescimento das plantas e o rendimento da cultura.

A cultura fornece fontes baratas de vitaminas, minerais e proteínas. As folhas são consumidas como vegetais, enquanto as sementes podem ser transformadas em aperitivos. A produtividade da cultura depende em grande medida das práticas culturais empregues durante o seu cultivo. Algumas das práticas culturais empregues durante o cultivo da cultura na Nigéria incluem o cultivo intercalar com outras culturas como o milho (Muonelle e Ndukwe, 2008; Awe e Abegurin, 2009); aplicação de fertilizantes (Zobolo *et al.* 2008); monda (Ogunyemi *et al.* 2001), controlo de doenças e pragas (Lovisolo e Lisa, 1979; Siddiqui e Alam, 1989) e método de plantação ou profundidade de sementeira.

1.2 DECLARAÇÃO DO PROBLEMA

Os legumes de folha são um componente importante da dieta humana e são consumidos diariamente, mas a sua produção na Savana do Sudão é muito baixa devido a muitos factores. Alguns desses factores incluem a baixa fertilidade inerente de N dos solos (Kwari, 2005; Sandabe e Bapatel, 2008), a aplicação inadequada de nutrientes às plantas ou o momento errado da aplicação, a utilização de variedades de baixo rendimento, a baixa população de plantas, métodos de sementeira inadequados, espaçamento inadequado por unidade de área, prevalência de pragas e doenças, fraca capacidade financeira dos agricultores e baixa utilização geral de factores de produção.

Durante a estação seca, Adebooye *et al.* (1996) relataram que o preço por molho de vegetais de folha aumenta na Nigéria porque apenas alguns agricultores praticam agricultura de irrigação.

1.3 JUSTIFICAÇÃO DO ESTUDO

A celosia é um dos principais produtos hortícolas de folha no sudoeste da Nigéria e pode ser cultivada em qualquer parte do país. Considerando a importância da cultura e a sua adaptabilidade a ecologias mais secas, não há dúvida de que a cultura seria adaptada e bem aceite pelas populações da zona ecológica da Savana do Sudão do país. A produtividade da cultura depende em grande medida das práticas culturais empregues durante o seu cultivo. O uso da terra e a gestão cultural têm grande influência na capacidade de produção de culturas das terras agrícolas e na sua sustentabilidade em termos do desempenho das culturas no campo. O impacto do tipo de uso do solo no desempenho das hortaliças de folha não tem merecido uma atenção séria por parte da investigação na Nigéria. Vários estudos documentaram o papel dos legumes de folha na nutrição humana (Adebooye, 1996; Schippers, 2000; Adebooye *et al.,* 2005; Abukutsa, 2003). Foi relatado que *a Celosia argentea* (L.) é uma boa fonte de fibra alimentar e contém grandes quantidades de proteínas, vitaminas e minerais (Makus e Davis, 1984, Tentonicos e knorr, 1985, Willis *et al.,* 1984).

O azoto é um dos elementos químicos essenciais para o crescimento das plantas. É um componente-chave das proteínas vegetais e da clorofila, que é essencial para o crescimento de vegetais fortes porque contém nitrato, uma forma de nutriente mais facilmente absorvida pela planta. O N é facilmente absorvido pelas plantas quando aplicado como fertilizante (Bailey, 2010). A celosia é utilizada na preparação de ervas medicinais e remédios. A cultura é conhecida por suprimir o rebento e o desenvolvimento da famosa erva daninha, a striga. A produção de celosia é afetada por baixos níveis de N no solo, o que pode afetar o desempenho da cultura no campo. Não foram desenvolvidas taxas de N adequadas recomendadas para os agricultores na zona agro-ecológica da savana do Sudão.

Por conseguinte, é imperativo determinar os métodos adequados de cultivo da cultura, testando diferentes práticas culturais e combinações de factores de produção. É importante avaliar a cultura em termos da melhor combinação de métodos culturais produtivos, tais como a taxa de sementes adequada, métodos de sementeira e doses adequadas de fertilizantes azotados através de experiências de campo.

1.4 OBJECTIVOS DO ESTUDO

Com base no que foi discutido e nas questões levantadas, os objectivos específicos do estudo são os seguintes

1. Estudar o efeito de diferentes taxas de sementes no desempenho da *Celosia argentea* (L).
2. Identificar o melhor método de sementeira da celosia na savana do Sudão.
3. Determinar o nível ótimo de fertilizante azotado para a Celosia.

CAPÍTULO DOIS

2.0 REVISÃO DA LITERATURA

2.1 EFEITO DA FERTILIZAÇÃO AZOTADA NO CRESCIMENTO E DESEMPENHO DA CELOSIA

Estudos demonstraram que a maioria dos legumes responde bem à aplicação de azoto, especialmente os legumes de folha cultivados onde a matéria orgânica é limitada (Morris, 1994). A capacidade de resposta dos vegetais de folha à aplicação de azoto depende do estado do solo e do seu potencial de mineralização (Singh *et al.,* 1998). Por conseguinte, o nível ótimo de azoto difere de cultura para cultura e de solo para solo, entre outros factores. O azoto é também um constituinte dos aminoácidos que são necessários para sintetizar proteínas e outros compostos relacionados com os processos metabólicos normais. A quantidade de azoto acumulada pela planta varia com as espécies, as cultivares, as partes da planta e a idade da planta, bem como com o estado nutricional do solo. Os legumes de folha, como o amaranto, a telferia e a celosia, têm uma grande necessidade de azoto devido ao seu elevado volume vegetativo (Ayodele, 2003). Casos extremos de deficiência de azoto podem ser seguidos pela morte da planta (Olaitan e Lombin, 1983).

É necessário conhecer a quantidade exacta exigida pela celosia para evitar quantidades excessivas que podem levar a um consumo de luxo sem aumento do rendimento, resultando em desperdício de recursos. É necessário avaliar os níveis óptimos de azoto exigidos pela *Celosia argentea* (L.) para um crescimento vegetativo e um rendimento foliar óptimos na Savana do Sudão da Nigéria.

2.2 EFEITO DE DIFERENTES FONTES DE FERTILIZANTES NO

RENDIMENTO E NOS COMPONENTES DO RENDIMENTO DA CELOSIA

Num ensaio realizado por Olufolaji *et al.* (2008) para avaliar o efeito de diferentes formas de fertilizantes e níveis de aplicação (taxas) no crescimento e na qualidade das sementes de celosia, os resultados mostraram que o estrume de aves de capoeira tinha plantas significativamente mais altas, maior número de folhas e rendimento de grãos do que o fertilizante organo-mineral aplicado. A altura, o número de ramos, o número de folhas e o rendimento da celosia foram mais elevados com 20 t ha-1, enquanto o valor mais baixo ocorreu em parcelas sem estrume. O peso das sementes foi significativamente afetado pelas taxas de fertilização, com sementes mais altas obtidas a 20 t ha^{-1} a partir de plantas que receberam a maior aplicação de nutrientes.

Num outro ensaio conduzido por (NIHORT, 2008) sobre a eficácia comparativa de tithonia, composto, estrume de aves e fertilizante N.P.K no crescimento e rendimento de *Celosia argentea* (L.), os resultados mostraram que os tratamentos responderam positiva e significativamente à aplicação de fertilizantes. No entanto, para os parâmetros de crescimento, o composto a 5 t ha-1 produziu o maior número de folhas; a altura da planta foi mais elevada (75,70 cm) com a aplicação de 20 t ha-1 e a maior circunferência do caule (6,41 cm) com a aplicação de N. O rendimento total foi mais elevado com a aplicação de 60 kg N.P.K ha-1, produzindo 18,8 t ha-1 de Celosia.

2.3 DESEMPENHO DA CELOSIA

Olasantan (1994) observou que a principal necessidade de nutrientes dos vegetais de folha na Nigéria é o azoto, que pode ser fornecido através da utilização de estrume e de fertilizantes inorgânicos. Um estudo sobre a influência do azoto a diferentes níveis no crescimento vegetativo e na produção foliar de *Celosia argentea* (L.) foi investigado por Isah *et al.* (2009). Observou-se que o azoto influenciou significativamente todos os parâmetros, como o número de folhas, o número de ramos, a altura da planta e o peso das folhas frescas. Verificou-se que a resposta do nível de azoto a 90 kg N ha-1 era estatisticamente semelhante à de 120 kg N ha^{-1} . A análise de regressão mostrou que houve uma resposta linear da produção de folhas com o aumento da aplicação de azoto. O número de folhas foi significativamente afetado pela aplicação de azoto a $P \leq 0,05$. O número de folhas aumentou com o aumento da aplicação de nitrogênio até 60 kg N ha^{-1} mas diminuiu depois disso. O aumento do número de folhas por planta pode ser atribuído às respostas relativas dos rebentos ao azoto. O excesso de azoto conduz geralmente a um crescimento vegetativo supra-ótimo e à supressão do crescimento reprodutivo. Uma fertilização óptima e equilibrada com azoto promove o crescimento de todos os órgãos da planta (Lambert 1993).

A influência da aplicação de N no número de ramos por planta foi considerada significativa a $P \leq 0,05$. O resultado mostrou que com o aumento de N o número de ramos aumentou até 90 kg N ha^{-1} e depois diminuiu. O número médio de ramos por planta entre 30, 60, 90 e 120 kg N ha^{-1} tratamento não foi significativamente diferente ($P \geq 0,05$), mas foram significativamente diferentes $P \leq 0,05$ do controle. Quando o N é aplicado durante a fase vegetativa, são registados aumentos no crescimento, mas se for aplicado após a floração, o N é dirigido principalmente para a síntese de proteínas do grão (Lambert, 1993). O crescimento da Celosia foi significativamente afetado por diferentes níveis de N $P \leq 0,05$. O crescimento aumentou com o aumento do azoto até 90 kg N ha^{-1} e diminuiu depois disso. O nível de azoto de 60 kg N ha^{-1} deu as plantas mais altas (208,6 cm).

Não houve diferença significativa entre 0, 90 e 120 kg ha^{-1} tratamentos, mas estes foram significativamente diferentes de 30 e 60 kg ha^{-1} . Este estudo foi comparável ao resultado de Ojo e Olufolaji (1997) que relataram na zona florestal da Nigéria que foi obtida uma taxa NPK óptima de 80 kg N ha^{-1} para a produção de rebentos e altura de plantas de celosia. O peso fresco das folhas aumentou de forma constante com o aumento da taxa de N e isto foi significativamente afetado por diferentes níveis de azoto a $P \leq 0,05$. Houve um aumento linear no rendimento de folhas frescas com o aumento da aplicação de azoto. Isto implica que um vegetal de folha como a Celosia tem uma grande necessidade de azoto. Os resultados concordam com Ayodele (2003), que revelou que a aplicação de fertilizante à taxa de 200 kg N ha^{-1} aumentou a produção de folhas em 75% e 60% em *A. hybridus* e *A. hypochondriacus*, respetivamente, em comparação com o controlo. A análise de regressão mostrou que houve uma resposta linear da produção de folhas à aplicação de azoto.

2.4 EFEITO DA TAXA DE SEMENTEIRA NO CRESCIMENTO E DESEMPENHO DA CELOSIA

Num estudo de campo conduzido por Sabine *et al.* (2010) para avaliar a produção de flores e as caraterísticas de qualidade do amaranto globo comum *(Gomphrena globosa),* do amaranto globo dos "campos de morangos" *(Gomphrena haageana),* da celosia de galo *(Celosia argentea* var. cristata 'chief mix') e da celosia de trigo *(Celosia spicata* 'pink candle'). O espaçamento entre fileiras de 15 ou 20 cm combinado com duas ou três fileiras por canteiro resulta em densidades de plantação no campo que variam de 66.670 a 120.010 plantas ha^{-1} de amaranto comum e amaranto de morango e de 100.005 a 200.010 plantas ha^{-1} de celosia de crista e celosia de trigo (Sabine *et al.* 2010).

Todas as espécies, exceto a Cockscomb celosia, produziram quatro colheitas em quatro meses, dependendo da espécie. Ambas as espécies de amaranto globular tiveram uma época de colheita de 5-6 meses e colheram caules que totalizaram 1,4 a 1,8 kg de peso seco por parcela de 1,5 m^2 . Ambas as espécies de celosia tiveram uma época de colheita de 4-5 meses e colheram caules com um total de 0,6 a 0,7 kg de peso seco por parcela. Apesar da grande variedade de taxas de sementeira, o efeito da densidade limitou-se em grande medida à celosia Cockscomb, onde a plantação em três linhas (taxa de sementeira elevada) aumentou o número total de flores de pulverização (cabeça múltipla), caule, forneceu caules mais compridos e prolongou a produção de caules de pulverização (apenas espaçamento de 15 cm). Os resultados demonstram que estas quatro espécies são excelentes candidatas a novas culturas especializadas em condições semi-áridas (Sabine *et al.* 2010).

2.5 MÉTODOS DE PROPAGAÇÃO DE CELOSIA POR SEMENTEIRA DIRECTA

A propagação da Celosia argentea pode ser feita quer semeando as sementes em viveiros para serem transplantadas mais tarde, quer semeando-as diretamente no campo. A sementeira direta pode ser conseguida através de métodos de difusão, perfuração ou diblagem.

2.5.1 Método de sementeira por difusão

A plantação de culturas por difusão consiste em lançar as sementes por toda a superfície de plantação ou solo. É comummente referido como "plantação por dispersão". Este método de propagação é preferível quando se manuseiam sementes de tamanho pequeno, como as sementes de arroz e de alguns legumes, que são capazes de germinar e crescer de forma sustentada sem cobertura do solo. Não há controlo do espaçamento entre plantas. As sementes são simplesmente distribuídas num solo bem preparado por meio de um emissor manual ou mecânico. No caso da difusão manual, um volume de sementes é segurado pela mão e lançado com uma larga faixa ou polvilhado em superfícies/camadas preparadas. É importante assegurar uma distribuição homogénea das sementes por unidade de superfície com base na taxa de sementeira desejada por hectare (www.AgriInfo .in 2011).

2.5.2 Perfuração

Este método pode ser praticado em cima de canteiros de legumes, montículos, cumes ou em espaços de sulcos. Utiliza-se um dibbler para abrir uma depressão em forma de "V" de 2-3 cm de profundidade na linha, onde as sementes são sistematicamente colocadas e enterradas. No método de sementeira não existe um espaçamento uniforme entre plantas na linha, mas pretende-se uma uniformidade no número de plantas por metro linear (www.AgriInfo.in 2011). O método de sementeira com broca é feito manual ou mecanicamente, libertando as sementes de forma contínua como se estivesse a deitar água de uma garrafa com uma pequena abertura. A sementeira manual aplica-se a sementes pequenas e é geralmente feita à mão, conseguindo-se colocar sementes pequenas e arredondadas num papel de cartão enrolado para dar forma a um funil ou numa garrafa com um orifício na tampa. A libertação das sementes é feita simplesmente inclinando e agitando ligeiramente a garrafa, de modo a que as sementes caiam umas a seguir às outras ou em cascata através do orifício e em direção ao solo. As sementes caídas são cobertas com um ancinho ou com o pé, e pisadas para pressionar o solo (www.Agrilnfo .in 2011).

2.5.3 Dibbling

Trata-se de um método antigo de plantação de culturas praticado por agricultores de subsistência através da utilização de dibblers, uma enxada de arestas afiadas que bate no solo para fazer buracos com cerca de 2-3 cm de profundidade e um a dois passos de distância. Quando a ponta pontiaguda do dibbler é levantada, outra pessoa deixa cair imediatamente 3-4 sementes no buraco e cobre-o com terra. O espaçamento entre linhas é o desejado (www.Agrilnfo .in 2011).

CAPÍTULO TRÊS

3.0 MATERIAIS E MÉTODOS

3.1 SÍTIOS EXPERIMENTAIS

A experiência foi conduzida em dois locais, na Universidade Bayero, Kano (BUK), Fazenda de Ensino e Pesquisa (latitude 12° 58^1 N, longitude 8° 25^1 E; 466m acima do nível do mar) e na cidade de Zakirai (ZKR) (latitude 12 6^{o1} N, longitude 8° 53^1 E; com uma elevação de 409m acima do nível do mar), localizada em Gabasawa L.G.A, Estado de Kano. Ambos os locais estão situados na agro-ecologia da Savana do Sudão. Os locais são caracterizados por duas estações: uma estação húmida (maio a setembro) e uma estação seca (outubro a abril). A precipitação e a temperatura médias anuais no local são de cerca de 800 mm e 31° C, respetivamente (Nnoli *et al.,* 2006).

3.2 TRATAMENTOS E CONCEPÇÃO EXPERIMENTAL

A experiência foi conduzida na estação chuvosa de 2013, onde os tratamentos foram dispostos num esquema de parcelas divididas. Os tratamentos principais consistiram em quatro níveis de nitrogénio (0, 50, 100 e 150 kg N ha^{-1}) e três métodos de sementeira (difusão, perfuração e dibbling), enquanto os tratamentos da subparcela foram constituídos por duas taxas de sementes (baixa e alta). A experiência foi repetida três vezes. Cada parcela consistia em 3m x 3m ($9m^2$) com um espaço de 0,5m entre parcelas individuais numa réplica e 1m entre réplicas. O número de camalhões por parcela foi de quatro. A parcela em rede tinha 1,5 m de largura x 3 m de comprimento (4,5 m^2).

3.3 PRÁTICAS CULTURAIS

3.3.1 Descrição da cultura de ensaio

A cultura de ensaio para a experiência foi uma variedade de *Celosia argentea* (Soko- yokoto), TLV - 8; as sementes foram obtidas na subestação NIHORT, Bagauda, Estado de Kano. A cultura foi efectuada tanto para as partes vegetativas como para as sementes. A celosia pertence à família Amaranthaceae. Tem folhas verdes grandes e é adequada tanto para a colheita por corte como por desenraizamento. A cultura é comummente encontrada nos sistemas tradicionais de culturas mistas dos trópicos (Babatola e Olaniyi, 1998). Ocorrem como pequenas manchas de povoamentos sobrelotados quando semeados ou plantas individuais quando transplantadas em espaçamento regular ou irregular. A semente demora cerca de 5-7 dias a germinar e atinge a maturidade cerca de 6-8 semanas após a sementeira.

3.3.2 Preparação do terreno

O terreno foi limpo e cultivado até ficar com uma camada fina de terra e foi sulcado a 0,75 m de distância. Posteriormente, o terreno foi marcado em parcelas e repetições.

3.3.3 Métodos de sementeira e espaçamento

Foram considerados três métodos de sementeira para esta experiência. O método de sementeira a lanço consiste em espalhar as sementes uniformemente na superfície de plantação. Não houve espaçamento entre os talhões. A densidade da população de plantas foi determinada pela taxa de sementes, que foi de 2 kg ha^{-1} para uma taxa de sementes baixa e 4 kg ha^{-1} para uma taxa de sementes alta. O método de sementeira por perfuração envolveu a sementeira em faixas estreitas, ao longo da linha nos camalhões. O método de sementeira por dibbling, também conhecido como "plantação no local", envolve a plantação em brocas a uma distância de cerca de 15 cm na linha.

3.3.4 Aplicação de fertilizantes

O fertilizante de ureia foi aplicado à taxa de 0, 50, 100 e 150 kg N ha^{-1} 3 semanas após a sementeira (WAS). A ureia foi colocada em faixas a 10 cm da linha de plantação, numa vala de 2 cm de profundidade e coberta após a aplicação.

3.3.5 Controlo de ervas daninhas

A celosia não suporta a competição com as ervas daninhas; por isso, as parcelas foram sachadas duas vezes. A primeira monda foi efectuada quando as culturas tinham cerca de 3 semanas de idade (3SAA) e a segunda monda às 6 semanas de idade (6SAA). A monda foi feita manualmente com uma enxada simples para arrancar as ervas daninhas e o lixo foi removido da parcela.

3.3.6 Colheita

A cultura foi colhida pelas suas folhas comestíveis em intervalos a partir de seis semanas após a sementeira (6 WAS), o que foi designado por "rendimento vegetativo". O rendimento das sementes, também designado por "rendimento reprodutivo", foi obtido na maturidade fisiológica, quando a cultura tinha doze semanas de idade (12 WAS). A colheita foi efectuada com uma faca afiada, cortando o caule principal cerca de 5 cm acima do nível do solo. As folhas foram destacadas e secas em estufa a 68° C para o rendimento em matéria seca, enquanto a panícula é destacada dos ramos para a determinação do rendimento em sementes na maturidade.

3.4 OBSERVAÇÕES E REGISTO DE DADOS

3.4.1 Altura da planta

As alturas das plantas das 5 plantas marcadas são medidas como o comprimento do caule principal desde a superfície do solo até ao ápice da planta às 4, 6, 8 e 10 WAS. Estas medições são efectuadas com uma régua calibrada em centímetros (cm) e a altura média é registada.

3.4.2 Número de folhas por planta

O número de folhas dos 5 talhões marcados é determinado às 4, 6, 8 e 10 WAS. Estes são determinados pela contagem do número de folhas e a média é registada.

3.4.3 Diâmetro da haste

Os diâmetros do caule são obtidos das 5 plantas marcadas às 4, 6, 8 e 10 WAS, utilizando um calibre Verneir calibrado em centímetros para determinar a circunferência do caule ou o diâmetro do caule.

3.4.4 Número de sucursais

O número de ramos é determinado pela contagem do número de ramos das 5 plantas marcadas com 4, 6, 8, 10 e 12 WAS e o número médio é registado.

3.4.5 Área foliar

A área foliar foi retirada de cinco plantas selecionadas aleatoriamente do descarte às 10 e 12 WAS. Foram medidos o comprimento (ao longo da nervura central) e a largura (a partir da parte mais larga) das folhas. A área foliar foi determinada multiplicando a área foliar total (obtida pela multiplicação do comprimento e da largura) por um fator de 0,654, de acordo com o método utilizado por Sestak *et al* (1971).

3.4.6 Peso fresco da folha

O peso fresco das folhas foi determinado destacando as folhas de 5 plantas selecionadas aleatoriamente do descarte na colheita e pesadas com uma balança. O peso fresco das folhas foi medido às 6, 8, 10 e 12 WAS.

3.4.7 Peso seco da folha

As folhas de cinco plantas selecionadas aleatoriamente a partir do descarte são envolvidas e secas em estufa a 65° C até peso constante e o peso obtido foi registado como peso seco da folha.

3.4.8 Rendimento da panícula

Os números totais de panículas da área da parcela líquida são ponderados utilizando uma balança de feixe e extrapolados para kg ha-1.

3.4.9 1000 Peso da semente

O peso de mil sementes foi determinado após a colheita, batendo a panícula para libertar as sementes. De cada um destes lotes, 1000 sementes são cuidadosamente contadas e colocadas em recipientes de peso conhecido. Estes são pesados numa balança e a diferença entre os dois pesos é o peso da semente.

3.4.10 Rendimento das sementes

O rendimento das sementes foi determinado através da pesagem das sementes obtidas das panículas da área da parcela líquida. As sementes foram pesadas numa balança.

3.5 AMOSTRAGEM E ANÁLISE DOS SOLOS

As amostras de solo foram recolhidas de pontos selecionados aleatoriamente nas parcelas experimentais, utilizando um trado de solo de 0 a 20 cm de profundidade para a determinação das propriedades físicas e químicas do solo após a limpeza do terreno antes das operações de lavoura.

3.6 ANÁLISE DE DADOS

Todos os dados recolhidos foram submetidos a uma análise de variância (ANOVA) utilizando o procedimento SAS-GLM (SAS, 1989). As médias foram separadas usando o teste de Duncan de intervalo múltiplo (DMRT) ao nível de 5% de probabilidade. Foi efectuada uma análise de regressão da produção de folhas frescas e da produção de sementes em função das taxas de azoto.

CAPÍTULO QUATRO

4.0 RESULTADOS E DISCUSSÃO

4.1 RESULTADOS

4.1.1 Análise dos solos dos sítios experimentais

Os resultados da análise dos solos dos locais experimentais na Universidade Bayero, Kano (BUK) e Zakirai (ZKR) indicaram que os solos são ambos franco-arenosos. Os solos são moderadamente ácidos, com pH de 5,3 e 6,1, respetivamente. Em ambos os locais, o solo registou um baixo teor de carbono orgânico de 0,618 g kg^{-1} e 0,678 g kg^{-1} , baixo teor de azoto total de 0,28 g kg^{-1} e 0,35 g kg^{-1} , moderado teor de fósforo disponível de 15,9 g kg^{-1} e 13,63 g kg^{-1} e moderado teor de potássio de 0,61 g kg^{-1} e 0,43 g kg^{-1} em BUK e ZKR, respetivamente. Os pormenores das propriedades físicas e químicas dos solos dos locais experimentais são apresentados no Quadro 1.

4.1.2 Registo meteorológico dos locais experimentais

A precipitação total para os dois locais durante o período experimental foi de 920,5 mm para BUK e 895,5 mm para ZKR, respetivamente. Os valores mais elevados foram obtidos em ambos os locais durante os meses de julho e agosto. A temperatura mínima média de 20,9^{oC} e 20,93^{oC} e a temperatura máxima de 34,94^{oC} e 34,54^{oC} na BUK e ZKR, respetivamente. Os registos de dados metrológicos são apresentados no Anexo 1.

4.1.3 Altura da planta

Foi observada uma diferença significativa na altura da planta em ambos os locais devido à aplicação de fertilizante N (Tabela 2). Houve um aumento na altura das plantas com o aumento de N, onde 150 kg N ha^{-1} produziu as plantas mais altas, enquanto as parcelas de controlo produziram a menor altura de planta.

Tabela 1. Propriedades físicas e químicas dos solos dos locais experimentais (020cm) em BUK e ZKR, época de cultivo de 2013.

	BUK	ZKR
Physical properties		
Particle size distribution (g kg^{-1})		
Sand	72.96	80
Silt	16	8
Clay	11.04	12
Textured class	Sandy loam	Sandy loam
Chemical properties		
Ph in H_20	5.27	6.1
Organic Carbon (g kg^{-1})	0.618	0.678
Total Nitrogen (g kg^{-1})	0.28	0.35
Available P (g kg^{-1})	15.90	13.63
Organic Matter	1.065	1.168
Exchangeable bases (c mol kg^{-1})		
Ca	3.12	4.16
Mg	1.01	1.04
K	0.61	0.43

Na	0.32	0.16
CEC	4.30	3.82

Fonte: análises laboratoriais (2013)

Na BUK, a aplicação de N a 50, 100 e 150 kg N ha^{-1} produziu plantas mais altas do que o controlo aos 4 e 8 DAA, no entanto, não foram estatisticamente diferentes de 100 e 150 kg N ha^{-1} aos 10 DAA (Quadro 2). Além disso, no ZKR todos os níveis de N foram estatisticamente iguais e produziram plantas mais altas aos 4 e 8 DAA. A aplicação de 150 kg N ha^{-1} produziu plantas estatisticamente mais altas aos 6 DAA. O controlo produziu consistentemente a menor altura de planta.

O efeito dos métodos de sementeira indicou que não havia diferenças significativas entre os métodos de sementeira em ambos os locais, exceto a 10 WAS em ZKR. A sementeira a lanço produziu plantas mais altas do que a sementeira a lanço e a sementeira a lanço, que foram iguais. Da mesma forma, na BUK, a taxa de sementes produziu diferenças significativas aos 8 e 10 DAA, sendo que as parcelas que receberam uma taxa de sementes elevada produziram as plantas mais altas. Na ZKR, a taxa de sementes mostrou diferenças significativas aos 8 e 10 DAA, com as parcelas de alta taxa de sementes a produzirem as plantas mais altas.

Quando se considerou a interação, houve uma interação significativa entre o N e os métodos de sementeira aos 4 e 6 DAA na BUK, enquanto na ZKR se observaram diferenças significativas aos 6 DAA. O quadro 3 mostra a interação entre o azoto e os métodos de sementeira na altura da planta aos 4 DAA em BUK. As parcelas que tinham o método de sementeira e N a 50 kg ha^{-1} produziram a maior altura de planta. Seguiu-se o método de sementeira a lanço com 150 kg N ha^{-1} . As parcelas que receberam o método de sementeira a lanço e 0 kg N ha^{-1} produziu a menor altura de planta. A Tabela 4 mostra a interação na altura da planta às 6 WAS em BUK. Houve uma diferença significativa entre as médias de interação na altura das plantas, onde a combinação de difusão e 100 kg N ha^{-1} produziu as plantas mais altas. A combinação do método de dibbling e 0 kg N ha^{-1} produziu a menor altura de planta.

Tabela 2. Efeitos do azoto, métodos de sementeira e taxa de sementes na altura das plantas de *Celosia argentea* em BUK e ZKR, 2013

Treatment	BUK (WAS)				ZKR (WAS)			
	4	6	8	10	4	6	8	10
Nitrogen (kg/ha) (N)								
0	12.63b	23.76c	54.12b	69.48c	11.90b	20.87c	48.86b	63.18c
50	14.94a	27.13c	60.70a	82.21b	13.26ab	22.24bc	55.77a	75.31b
100	15.12a	38.00b	61.48a	88.49a	12.00ab	24.99b	55.50a	78.16b
150	16.44a	36.02a	62.51a	89.76a	13.77a	30.43a	58.356a	83.48a
SE±	0.606	1.204	1.092	1.650	0.449	0.750	1.032	1.835
Sowing methods (S)								
Broadcast	14.96	29.16	58.23	81.46	13.12	24.20	53.72	74.63ab
Drilling	14.00	27.85	59.97	81.39	12.69	23.65	54.17	72.27b
Dibbling	15.39	30.82	60.90	12.97	12.97	26.05	55.97	78.19a
SE±	0.525	1.043	0.946	1.429	0.389	0.649	0.894	1.589
Seed rate (R)								
Low	14.82	28.34	58.18b	77.86b	12.68	23.98	53.32b	71.34b
High	14.76	30.21	61.23	13.18a	13.18	25.29	55.92a	78.72a

			a					
SE±	0.429	0.851	0.772	1.167	0.317	0.530	0.730	1.297
Interaction								
N X S	**	**	NS	NS	NS	**	NS	NS
N X R	NS	NS	NS	NS	NS	NS	NS	NS
S X R	NS	NS	NS	NS	NS	NS	NS	NS
N X S X R	NS	NS	NS	NS	NS	NS	NS	NS

As médias numa coluna de qualquer conjunto de tratamentos seguidos pela(s) mesma(s) letra(s) não são significativamente diferentes ao nível de 5% de probabilidade, utilizando o teste de Duncan de intervalos múltiplos (DMRT). NS = Não significativo, ** = Altamente significativo, WAS = Semanas após a sementeira.

Tabela 3. Interação entre o azoto e os métodos de sementeira na altura das plantas às 4 WAS em BUK, 2013

N		Methods	
	Broadcasting	Dibbling	Drilling
0	11.67^{e}	12.30^{de}	13.93^{cde}
50	13.20^{de}	18.97^{a}	12.67^{de}
100	17.27^{ab}	15.50^{bcd}	12.60^{de}
150	17.70^{ab}	14.80^{b-e}	16.83^{abc}
SE±	1.050		

As médias com letra(s) diferente(s) diferem significativamente ao nível de 5% de probabilidade utilizando o DMRT.

Tabela 4. Interação entre o azoto e os métodos de sementeira na altura das plantas às 6 WAS em BUK

N		Methods	
	Broadcasting	Dibbling	Drilling
0	22.05^{d}	21.77^{d}	28.10^{cd}
50	32.33^{bc}	26.97^{cd}	22.08^{d}
100	29.20^{a}	37.67^{ab}	23.13^{d}
150	33.07^{abc}	36.90^{ab}	38.08^{ab}
SE±	2.085		

As médias com letra(s) diferente(s) diferem significativamente ao nível de 5% de probabilidade utilizando o DMRT.

O quadro 5 mostra a interação na altura da planta em 6 WAS em ZKR. Houve uma diferença significativa entre as médias de interação na altura das plantas, em que o método de diblagem a 100 kg N ha^{-1} produziu as plantas mais altas, seguido de perto pelo método de perfuração a 150 kg N ha $.^{-1}$

4.1.4 Número de folhas por planta

A Tabela 6 mostra o número médio de folhas produzidas pelas diferentes taxas de N que diferem significativamente em ambos os locais, exceto às 6 WAS em ZKR. Na BUK, as parcelas que receberam 150 kg N ha^{-1} produziram consistentemente o maior número de folhas, enquanto as parcelas de controlo produziram o menor número de folhas.

Os métodos de sementeira e a taxa de sementeira não tiveram efeito significativo no número de folhas por planta em ambos os locais e em ambos os períodos de amostragem. Todas as interações possíveis entre os factores não são significativas a 10 WAS.

4.1.5 Diâmetro da haste

Houve uma diferença significativa observada ao longo do período de amostragem em BUK, onde as parcelas que receberam 100 kg N ha^{-1} produziram a maior circunferência ou diâmetro do caule (cm). Na ZKR, houve uma diferença significativa aos 6 e 10 DAA, mas 50 e 100 kg N ha^{-1} produziram o maior diâmetro do caule aos 6 DAA, enquanto aos 10 DAA, 50 kg N ha^{-1} produziu o maior diâmetro, que foi semelhante a 150 kg N ha^{-1} (Quadro 7).

O método de sementeira teve um efeito significativo no diâmetro do caule. Na BUK, o método dibbling registou o maior diâmetro do caule em todos os períodos de amostragem. No entanto, no ZKR, o método de sementeira afectou significativamente o diâmetro do caule apenas aos 4 e 10 DAA. O método de perfuração a 4 WAS produziu o maior diâmetro de caule, seguido pelos métodos de difusão e de dibbling, enquanto que a 10 WAS, os métodos de dibbling e de perfuração produziram o maior diâmetro de caule, seguido pelo método de difusão. Quadro 5. Interação entre o azoto e os métodos de sementeira na altura das plantas aos 6 anos de idade em ZKR

N	Methods		
	Broadcasting	Dibbling	Drilling
0	18.83^{e}	20.17^{de}	23.63^{cd}
50	26.13^{bc}	22.03^{de}	18.57^{e}
100	22.43^{cde}	32.90^{a}	19.63^{de}
150	29.40^{ab}	29.13^{ab}	32.77^{a}
SE±	1.299		

As médias com letra(s) diferente(s) diferem significativamente ao nível de 5% de probabilidade utilizando o DMRT.

Tabela 6. Efeitos do azoto, métodos de sementeira e taxa de sementes no número de folhas por planta de *Celosia argentea* em BUK e ZKR

Treatment	BUK (WAS)				ZKR (WAS)			
	4	6	8	10	4	6	8	10
Nitrogen (Kg/ha) (N)								
0	18.00b	28.00b	56.00c	72.00c	17.00c	33.00	53.00c	67.00c
50	18.00b	30.00a	67.0ab	92.00a	17.00bc	34.00	57.00b	81.00b
100	19.00ab	31.00a	60.00b	83.00b	18.00ab	34.00	60.00ab	84.00b
150	20.00a	31.00a	64.00a	92.00a	18.00a	34.00	62.00a	91.00a
SE±	0.420	0.707	1.004	1.819	0.296	0.625	0.886	1.164
Sowing methods (S)								
Broadcast	19.00	29.00	59.00b	85.00	18.00	34.00	58.00	77.00b
Drilling	18.00	30.00	60.00b	84.00	17.00	33.00	57.00	80.00ab
Dibbling	19.00	31.00	62.00a	86.00	18.00	34.00	59.00	84.00a
SE±	0.363	0.612	0.870	1.575	0.257	0.541	0.767	1.008
Seed rate (R)								
Low	19.00	29.00	60.00	84.00	18.00	34.00	57.00b	79.00b
High	19.00	31.00	61.00	86.00	18.00	34.00	60.00a	82.00a
SE±	0.297	0.500	0.710	1.286	0.210	0.442	0.626	0.823
Interaction								
N X S	NS	NS	NS	NS	NS	NS	NS	NS
N X R	NS	NS	NS	NS	NS	NS	NS	NS
S X R	NS	NS	NS	NS	NS	NS	NS	NS
N X S X R	NS	NS	NS	NS	NS	NS	NS	NS

As médias numa coluna de qualquer conjunto de tratamentos seguidas pela(s) mesma(s) letra(s) não são significativamente diferentes ao nível de 5% de probabilidade, utilizando o teste de Duncan de intervalos múltiplos (DMRT). NS = Não significativo, WAS = Semanas após a sementeira.

Tabela 7. Efeitos do azoto, métodos de sementeira e taxa de sementes no diâmetro do caule da *Celosia argentea* em BUK e ZKR

Treatment	BUK (WAS)				ZKR (WAS)			
	4	6	8	10	4	6	8	10
Nitrogen (kg/ha) (N)								
0	2.04c	3.37c	5.06c	7.43c	1.87	3.03ab	4.87	6.32b
50	2.24b	3.54bc	5.42b	8.38b	1.98	3.28a	5.21	6.86a
100	2.44a	3.94a	6.03a	9.07ab	1.87	2.92b	5.19	6.48b
150	2.39ab	3.74ab	5.84a	9.32a	1.93	3.25a	5.14	6.67ab
SE±	0.042	0.063	0.092	0.105	0.040	0.840	0.120	0.120
Sowing Methods (S)								
Broadcasting	2.14b	3.51b	5.39b	8.17b	1.90ab	3.11	4.93	6.33b
Drilling	2.39a	3.71a	5.61ab	8.60a	1.99a	3.18	5.15	6.65a
Dibbling	2.32a	3.74a	5.75a	8.87a	1.85b	3.07	5.23	6.77a
SE±	0.042	0.055	0.079	0.091	0.034	0.073	0.104	0.104
Seed rate (R)								
Low	2.33	3.74a	5.70	8.67	1.94	3.13	5.09	6.56
High	2.23	3.57b	5.48	8.43	1.89	3.11	5.11	6.61
SE±	0.034	0.045	0.065	0.074	0.028	0.059	0.085	0.085
Interaction								
N X S	NS	NS	NS	**	NS	NS	**	NS
N X R	NS	NS	NS	NS	NS	NS	NS	NS
S X R	NS	NS	NS	NS	NS	NS	NS	NS
N X S X R	NS	NS	NS	NS	NS	NS	NS	NS

As médias numa coluna de qualquer conjunto de tratamentos seguidos pela(s) mesma(s) letra(s) não são significativamente diferentes ao nível de 5% de probabilidade utilizando o DMRT. NS = Não significativo, **= Altamente significativo, WAS = Semanas após a sementeira,

A taxa de sementes não teve efeito significativo no diâmetro do caule aos 4, 8 e 10 DAA na BUK, mas aos 6 DAA as parcelas com baixa taxa de sementes produziram o maior diâmetro do caule. Na ZKR, não se registaram diferenças significativas entre as médias ao longo do período de amostragem. A interação entre N e métodos de sementeira mostrou uma diferença significativa aos 10 DAA em BUK. O resultado da interação apresentado no Quadro 8 indica que, aos 10 DAA em BUK, o diâmetro do caule mais elevado foi obtido a partir da combinação do método de sementeira e 150 kg N ha^{-1} . O método de difusão sem aplicação de N produziu o menor diâmetro (Tabela 8). O quadro 9 mostra a interação entre o azoto e os métodos de sementeira no diâmetro do caule aos 8 DAA em ZKR, onde a combinação do método de sementeira por perfuração com 50 kg N ha^{-1} produziu o maior perímetro do caule, enquanto o mesmo método de sementeira sem aplicação de N produziu o menor perímetro do caule.

4.1.6 Número de ramos por planta

As taxas de nitrogénio e de sementes afectaram significativamente o número de ramos em ambos os períodos de amostragem em ambos os locais, enquanto que o efeito não significativo dos métodos de sementeira foi observado às 6 WAS em ambos os locais (Quadro 10). Houve um aumento do número de ramos com o aumento da taxa de N. As parcelas que receberam 150 kg N ha^{-1} produziram o maior número de ramos e as parcelas de controlo produziram o menor número de ramos. As parcelas que receberam 50 kg N ha^{-1} e o controlo também estavam ao mesmo nível e produziram o menor número de ramos (Quadro 10).

Os métodos de sementeira tiveram um efeito significativo no número de ramos às 8 WAS em BUK, com parcelas que receberam o método de dibbling a produzir o maior número de ramos por planta, seguido dos métodos de perfuração e transmissão que produziram o menor número de ramos. Da mesma forma, no ZKR, o método de dibbling registou consistentemente o maior número de ramos em todos os períodos de amostragem. A taxa de sementes mostrou diferenças significativas às 6, 8 e 10 WAS em BUK e em todos os períodos de amostragem.

Tabela 8. Interação entre o azoto e os métodos de sementeira no diâmetro do caule às 10 DAA em BUK

N	Methods		
	Broadcasting	Dibbling	Drilling
0	6.64^{g}	8.37^{de}	7.28^{f}
50	8.50^{cde}	8.48^{cde}	8.15^{e}
100	8.75^{cd}	9.02^{bc}	9.45^{ab}
150	8.80^{cd}	9.63^{a}	9.53$_{ab}$
SE±	0.182		

As médias com letra(s) diferente(s) diferem significativamente ao nível de 5% de probabilidade utilizando o DMRT.

Tabela 9. Interação entre o azoto e os métodos de sementeira no diâmetro do caule às 8 WAS em ZKR

N	Methods		
	Broadcasting	Dibbling	Drilling
0	5.08^{ab}	5.07^{ab}	4.47^{b}
50	4.68^{b}	4.98^{ab}	5.95^{a}
100	5.05^{ab}	5.33^{ab}	5.18^{ab}
150	4.90^{ab}	5.55^{ab}	4.98^{ab}
SE±	0.319		

As médias com letra(s) diferente(s) diferem significativamente ao nível de 5% de probabilidade utilizando o DMRT.

Quadro 10. Efeitos do azoto, métodos de sementeira e taxa de sementes no número de ramos por planta de *Celosia argentea* em BUK e ZKR

Treatment	BUK (WAS)				ZKR (WAS)			
	4	6	8	10	4	6	8	10
Nitrogen (kg/ha) (N)								
0	6.00d	12.00d	17.00d	25.00d	10.00d	20.00d	27.00d	36.00d
50	7.00c	14.00c	20.00c	31.00c	12.00c	24.00c	34.00c	43.00c
100	8.00b	16.00b	23.00b	36.00b	14.00b	26.00b	36.00b	45.00b
150	9.00a	19.00a	26.00a	39.00a	17.00a	29.00a	42.00a	52.00a
SE±	0.167	0.239	0.231	0.350	0.265	0.324	0.364	0.360
Sowing methods (S)								
Broadcast	7.00b	15.02	21.00b	32b	13.01	24.00b	34.00b	43.00b
Drilling	7.00b	15.03	21.00b	32b	13.03	24.00b	35.00a	44.00b
Dibbling	8.00a	15.01	22.00a	33a	13.04	26.00a	35.00a	46.00a
SE±	0.144	0.207	0.200	0.303	0.229	0.280	0.315	0.311
Seed rate (R)								
Low	8.00a	15.00	22.00a	34.00a	14.00a	25.00a	36.00a	46.00a
High	7.00b	15.00	21.00b	31.00b	12.00b	23.00b	33.00b	42.00b
SE±	0.118	0.169	0.283	0.248	0.187	0.229	0.257	0.254
Interaction								
N X S	**	NS	**	NS	NS	NS	**	**
N X R	NS	NS	NS	NS	NS	NS	**	**
S X R	NS	NS	NS	NS	NS	NS	NS	NS
N X S X R	NS	NS	NS	NS	NS	NS	NS	NS

As médias numa coluna de qualquer conjunto de tratamentos seguidos pela(s) mesma(s) letra(s) não são significativamente diferentes ao nível de 5% de probabilidade, utilizando o teste de Duncan de intervalos múltiplos (DMRT). NS = Não significativo, ** = Altamente significativo, WAS = Semanas após a sementeira.

período de amostragem em ZKR. As parcelas que receberam alta taxa de sementes produziram o menor número de ramos por planta, enquanto aquelas com baixa taxa de sementes produziram o maior número de ramos.

Houve interações significativas entre as médias dos tratamentos entre o azoto e os métodos de sementeira aos 4 e 8 DAA na BUK. Na ZKR, foi observada uma interação significativa entre o azoto e os métodos de sementeira às 8 e 10 WAS e entre o azoto e a taxa de sementes nos mesmos períodos de amostragem. O quadro 11 mostra o efeito da interação entre o azoto e os métodos de sementeira aos 4 DAA na BUK. Registaram-se diferenças significativas entre as médias do número de ramos por planta. O método de sementeira de dibbling com 150 kg N ha^{-1} produziu o maior número de ramos às 4, e 8 WAS em BUK assim como às 8WAS em ZKR (Tabelas 11,12 e 13), enquanto o método de sementeira de dibbling com 0 N kg ha^{-1} produziu o menor número de ramos em todos estes casos.

O Quadro 14 mostra a interação entre o azoto e os métodos de sementeira no número de ramos às 10 WAS em ZKR. Houve uma diferença significativa entre as médias, resultando em parcelas que receberam o método de sementeira dibbling e 150 kg N ha^{-1} produzindo o maior número de ramos por planta, seguido pelo método de perfuração à mesma taxa. O quadro 15 mostra a interação entre o azoto e a taxa de sementeira no número de ramos às 8 semanas na ZKR, onde as parcelas que receberam 150 kg N ha^{-1} e baixa taxa de sementeira produziram o maior número de ramos. As parcelas que receberam 0 kg N ha^{-1} e alta taxa de sementes produziram o menor número de ramos. O método de difusão a nível zero de N produziu o menor número de ramos. A Tabela 16 mostra a interação entre a taxa de azoto e a densidade de sementes no número de ramos em 10 WAS em ZKR. Houve uma diferença significativa entre as médias de interação com parcelas que receberam baixa taxa de sementes e 150 kg N ha^{-1} produziram o maior número de ramos. A taxa de sementes mais elevada sem aplicação de azoto produziu o menor número de ramos por planta.

Quadro 11. Interação entre o azoto e os métodos de sementeira no número de ramos por planta a 4 WAS em BUK

N		Methods	
	Broadcasting	Dibbling	Drilling
0	5.83^{b}	5.33^{b}	6.67^{b}
50	7.00^{b}	6.67^{b}	7.00^{b}
100	7.83^{ab}	8.00^{ab}	7.50^{b}
150	8.83^{ab}	11.17^{a}	8.17^{ab}
SE±	0.963		

As médias com letra(s) diferente(s) diferem significativamente ao nível de 5% de probabilidade utilizando o DMRT.

Tabela 12. Interação entre o azoto e os métodos de sementeira sobre o número de ramos por planta às 8 WAS em BUK

N		Methods	
	Broadcasting	Dibbling	Drilling
0	17.33^{ef}	16.50^{f}	15.83^{f}
50	18.33^{ef}	20.67^{cde}	20.33^{de}
100	22.00^{bcd}	24.17_{abc}	23.00^{bcd}
150	24.50^{ab}	27.33^{a}	25.17^{ab}
SE±	0.964		

As médias com letra(s) diferente(s) diferem significativamente ao nível de 5% de probabilidade utilizando o DMRT.

Tabela 13. Interação entre o azoto e os métodos de sementeira no número de ramos às 8 WAS em ZKR

N	Methods		
	Broadcasting	Dibbling	Drilling
0	28.67^{efg}	25.33^{g}	26.17^{fg}
50	32.17^{def}	34.50^{cde}	34.67^{cde}
100	36.00^{bcd}	38.17^{a-d}	35.17^{cde}
150	39.50^{abc}	43.83^{a}	42.50^{ab}
SE±	1.859		

As médias com letra(s) diferente(s) diferem significativamente ao nível de 5% de probabilidade utilizando o DMRT.

Tabela 14. Interação entre o azoto e os métodos de sementeira sobre o número de ramos às 10 WAS em ZKR

N	Methods		
	Broadcasting	Dibbling	Drilling
0	37.17^{de}	35.83^{e}	35.50^{e}
50	41.50^{cde}	44.50^{bc}	43.00^{cd}
100	44.83^{bc}	46.50^{bc}	44.50^{bc}
150	49.33^{ab}	55.33^{a}	54.00^{a}
SE±	1.697		

As médias com letra(s) diferente(s) diferem significativamente ao nível de 5% de probabilidade utilizando o DMRT.

Tabela 15. Interação entre o azoto e a taxa de sementeira no número de ramos às 8 WAS em ZKR

N	Seed rate	
	High	Low
0	26.22^{c}	27.22^{c}
50	32.44^{bc}	35.11^{abc}
100	35.11^{abc}	37.78^{ab}
150	39.00^{ab}	44.89^{a}
SE±	2.170	

As médias com letra(s) diferente(s) diferem significativamente ao nível de 5% de probabilidade utilizando o DMRT.

Tabela 16. Interação entre o azoto e a taxa de sementeira no número de ramos às 10 WAS em ZKR

N	Seed rate High	Low
0	35.56^{c}	36.78^{c}
50	41.44^{bc}	44.56^{bc}
100	43.33^{bc}	47.22^{ab}
150	49.89^{ab}	55.89^{a}
SE±	2.178	

As médias com letra(s) diferente(s) diferem significativamente ao nível de 5% de probabilidade utilizando o DMRT.

4.1.7 Área foliar por planta

A Tabela 17 mostra o efeito da taxa de N, método de sementeira e taxa de sementes na área foliar por planta em BUK e ZKR aos 10 e 12WAS. A aplicação de nitrogénio a 150 kg N ha^{-1} produziu significativamente maior área foliar em ambos os locais em ambos os períodos de amostragem. Não houve diferença significativa entre as médias dos métodos de semeadura em ambos os locais. A taxa de sementeira teve um efeito significativo na área foliar, sendo que as parcelas que receberam uma taxa de sementeira baixa produziram a área foliar mais elevada. Na ZKR, não houve diferença significativa entre as médias (Tabela 17).

A Tabela 18 mostra a interação entre as médias de N e os métodos de sementeira na área foliar por planta às 10 WAS em ZKR. O resultado mostrou que as parcelas que receberam o método de sementeira dibbling com 150 kg N ha^{-1} produziram a folha mais alta, enquanto o método dibbling com 0 kg N ha^{-1} produziu a área foliar mais baixa.

O quadro 19 mostra a interação entre o azoto e os métodos de sementeira na área foliar às 12 WAS em ZKR. As parcelas que receberam o método de dibbling com 150 kg N ha^{-1} produziram a maior área foliar por planta. Isto foi seguido de perto pelo método de sementeira por perfuração à mesma taxa. A menor área foliar foi produzida nas parcelas que receberam o método de sementeira dibbling sem aplicação de azoto.

4.1.8 Peso fresco da folha

A aplicação de diferentes taxas de azoto produziu diferenças significativas em todos os períodos de amostragem com N a 150 kg N ha^{-1} produzindo o maior peso de folhas frescas em ambos os locais (Quadro 20). As parcelas sem aplicação de azoto registaram consistentemente o peso fresco mais baixo em todos os períodos de amostragem em todos os locais. O método de plantação por difusão registou o peso fresco mais elevado às 8 e 10WAS em BUK, enquanto em ZKR, o método de dibbling registou um peso fresco mais elevado nestes períodos de amostragem.

Quadro 17. Efeitos do azoto, métodos de sementeira e taxa de sementes na área foliar da *Celosia argentea* em BUK e ZKR

Treatment	BUK (WAS)		ZKR (WAS)	
	10	12	10	12
Nitrogen (kg ha^{-1}) (N)				
0	18.83c	29.50d	11.01b	20.06d
50	25.52b	36.75c	12.32b	24.60c
100	27.42b	41.30b	13.94b	33.01b
150	37.98a	48.89a	26.05a	55.88a
SE±	1.047	1.079	0.924	1.274
Sowing methods (S)				
Broadcast	27.19	39.06	16.29	32.69
Drilling	27.05	38.63	14.95	33.57
Dibbling	28.08	39.63	16.26	33.91
SE±	0.740	0.935	0.800	1.103
Seed rate (R)				
Low	28.51a	41.02	15.72	33.33
High	26.38b	37.20	15.94	33.44
SE±	0.740	0.763	0.653	0.901
Interaction				
N X S	NS	NS	**	**
N X R	NS	NS	NS	NS
S X R	NS	NS	NS	NS
N X S X R	NS	NS	NS	NS

As médias numa coluna de qualquer conjunto de tratamentos seguidas pela(s) mesma(s) letra(s) não são significativamente diferentes ao nível de 5% de probabilidade, utilizando o teste de Duncan de intervalos múltiplos (DMRT), NS = Não significativo, ** = Altamente significativo, WAS = Semanas após a sementeira.

Tabela 18. Interação entre o azoto e os métodos de sementeira na área foliar por planta às 10 WAS em ZKR

N	Methods		
	Broadcasting	Dibbling	Drilling
0	14.45^{b}	8.77^{b}	9.80^{b}
50	14.05^{b}	13.98^{b}	8.94^{b}
100	16.07^{ab}	9.57^{b}	16.18^{ab}
150	20.58^{ab}	32.70^{a}	24.88^{ab}
SE±	4.742		

As médias com letra(s) diferente(s) diferem significativamente ao nível de 5% de probabilidade utilizando o DMRT.

Tabela 19. Interação entre o azoto e os métodos de sementeira na área foliar por planta às 12 WAS em ZKR

N	Methods		
	Broadcasting	Dibbling	Drilling
0	23.67^{c}	17.42^{c}	19.09^{c}
50	27.28^{bc}	27.01^{bc}	19.50^{c}
100	30.53^{bc}	28.05^{bc}	40.45^{abc}
150	49.28^{ab}	63.14^{a}	55.21^{a}
SE±	6.320		

As médias com letra(s) diferente(s) diferem significativamente ao nível de 5% de probabilidade utilizando o DMRT.

Tabela 20. Efeito do azoto, métodos de sementeira e taxa de sementes no peso fresco das folhas t ha^{-1} de *Celosia argentea* em BUK e ZKR

Treatment	BUK (WAS)				ZKR (WAS)			
	4	6	8	10	4	6	8	10

Azoto (kg/ha)(N)								
0	0.06c	0.68d	1.41d	2.16d	0.05c	0.76d	1.61d	2.30d
50	0.06c	0.88c	1.77c	2.97c	0.06b	1.36c	2.78c	3.67c
100	0.07b	1.10b	2.27b	4.04b	0.06b	1.92b	3.90b	4.82b
150	0.08a	1.62a	3.33a	5.76a	0.07a	2.57a	5.22a	5.93a
SE±	0.005	0.034	0.024	0.053	0.005	0.0835	0.054	0.021
Métodos de sementeira(S)								
Broadcasting	0.07	1.11	2.24a	3.83a	0.06	1.63	3.34b	4.11b
Drilling	0.07	1.04	2.15b	3.64b	0.06	1.74	3.25b	4.07b
Dibbling	0.07	1.06	2.19ab	3.72ab	0.06	1.59	3.54a	4.36a
SE±	0.004	0.019	0.021	0.046	0.004	0.0229	0.047	0.012
Seed Rate (R)								
Low_	0.07	1.08	2.23a	3.78a	0.06	1.69	3.45a	4.25a
High	0.07	1.06	2.16b	3.68b	0.06	1.61	3.30b	4.11b
SE±	0.004	0.018	0.017	0.037	0.003	0.0126	0.038	0.015
Interaction								
N x S	**	**	**	**	**	**	NS	**
N x R	NS	NS	NS	NS	NS	NS	NS	NS
S x R	NS	NS	NS	NS	NS	NS	NS	NS
N x S x R	NS	NS	NS	NS	NS	NS	NS	NS

As médias numa coluna de qualquer conjunto de tratamentos seguidas pela(s) mesma(s) letra(s) não são significativamente diferentes ao nível de 5% de produtividade utilizando o Teste de Duncan de Múltiplos Intervalos (DMRT), NS = Não Significativo,
** = Altamente significativo, WAS = Semanas após a sementeira.

A Tabela 21 mostra a interação entre as médias de N e os métodos de sementeira às 6 WAS em BUK. As parcelas atribuídas à combinação do método de sementeira dibbling e 150 kg N ha^{-1} produziram o maior peso fresco das folhas, com as parcelas de controlo a produzirem o menor peso fresco das folhas. O quadro 22 mostra a interação entre o N e os métodos de sementeira no peso fresco das folhas às 8 WAS em BUK. As parcelas que receberam 150 kg N ha^{-1} produziram o maior peso fresco das folhas em todos os métodos de sementeira, enquanto as parcelas de controlo produziram o menor peso fresco das folhas entre os três métodos de sementeira. A Tabela 23 mostra a interação entre N e os métodos de sementeira no peso fresco das folhas às 10 WAS em BUK. O método de sementeira a lanço com 150 kg de N ha^{-1} produziu o peso fresco das folhas mais elevado (3,626 t ha^{-1}), enquanto o método de sementeira a lanço sem aplicação de N registou o peso fresco mais baixo. A Tabela 24 mostra a interação entre o azoto e os métodos de sementeira no peso fresco das folhas às 12 WAS em BUK. As parcelas que receberam o método de sementeira sem aplicação de azoto produziram o peso fresco mais baixo (1,980 t ha^{-1}) enquanto o método de sementeira com 150 kg N ha^{-1} produziu o peso fresco mais alto (5,92 t ha^{-1}). O quadro 25 mostra a interação entre as médias de azoto e os métodos de sementeira no peso fresco das folhas às 6 WAS em ZKR. O método de sementeira Dibbling com 150 kg N ha^{-1} produziu o maior peso fresco das folhas. Este foi seguido de perto pelo método de difusão e perfuração com a mesma taxa de N. O menor peso fresco das folhas foi obtido nas parcelas que receberam o método de sementeira por difusão sem aplicação de azoto. O quadro 26 mostra a interação entre o azoto e os métodos de sementeira no peso fresco das folhas às 8 WAS em ZKR. O método de sementeira com 150 kg N ha^{-1} registou o maior peso fresco, enquanto o método de sementeira sem fertilização com azoto registou o menor peso fresco. Tendência semelhante foi observada no mesmo local aos 12 DAA (Tabela 27).

Tabela 21. Interação entre o azoto e os métodos de sementeira no peso fresco das folhas t ha^{-1} a 6 WAS em BUK

N	Methods		
	Broadcasting	Dibbling	Drilling
0	0.06^{c}	0.06^{c}	0.05^{d}
50	0.06^{c}	0.06^{c}	0.06^{c}
100	0.07^{b}	0.08^{a}	0.07^{b}
150	0.08^{a}	0.08^{a}	0.08^{a}
SE±	0.003		

As médias com letra(s) diferente(s) diferem significativamente ao nível de 5% de probabilidade utilizando o DMRT.

Tabela 22. Interação entre o azoto e os métodos de sementeira no peso fresco das folhas t ha^{-1} às 8 WAS em BUK

N	Methods		
	Broadcasting	Dibbling	Drilling
0	0.70^{d}	0.66^{d}	0.67^{d}
50	0.88^{cd}	0.84^{cd}	0.92^{bcd}
100	1.08^{bc}	1.15^{b}	1.07^{bc}
150	1.77a	1.58^{a}	1.52^{a}
SE±	0.073		

As médias com letra(s) diferente(s) diferem significativamente ao nível de 5% de probabilidade utilizando o DMRT.

Quadro 23. Interação entre o azoto e os métodos de sementeira no peso fresco das folhas t ha^{-1} a 10 WASinBUK

N	Methods		
	Broadcasting	Dibbling	Drilling
0	1.46^{h}	1.37^{h}	1.39^{h}
50	1.65^{g}	1.75^{g}	1.89^{f}
100	2.23^{e}	2.39^{d}	2.21^{e}
150	3.63^{a}	3.24^{b}	3.12^{c}
SE±	0.042		

As médias com letra(s) diferente(s) diferem significativamente ao nível de 5% de probabilidade utilizando o DMRT.

Tabela 24. Interação entre o azoto e os métodos de sementeira no peso fresco das folhas t ha^{-1} às 12 WAS em BUK

N	Methods		
	Broadcasting	Dibbling	Drilling
0	1.98^{h}	2.20^{gh}	2.29^{g}
50	3.01^{e}	2.60^{f}	3.29^{d}
100	4.40^{c}	4.28^{c}	3.44^{d}
150	5.92^{a}	5.80^{ab}	5.55^{b}
SE±	0.091		

As médias com letra(s) diferente(s) diferem significativamente ao nível de 5% de probabilidade utilizando o DMRT.

Tabela 25. Interação entre o azoto e os métodos de sementeira no peso fresco das folhas t ha^{-1} às 6 WAS em ZKR

N	Methods		
	Broadcasting	Dibbling	Drilling
0	0.05^{d}	0.05^{d}	0.05^{d}
50	0.06^{c}	0.06^{c}	0.06^{c}
100	0.06^{c}	0.06^{c}	0.06^{c}
150	0.07^{b}	0.08^{a}	0.07^{b}
SE±	0.082		

As médias com letra(s) diferente(s) diferem significativamente ao nível de 5% de probabilidade utilizando o DMRT.

Quadro 26. Interação entre o azoto e os métodos de sementeira no peso fresco das folhas t ha-1 às. 8 WAS em ZKR

N	Sowing Methods		
	Broadcasting	Dibbling	Drilling
0	0.67^{d}	0.89^{d}	0.74^{d}
50	1.38^{c}	1.43^{c}	1.26^{c}
100	1.94^{b}	1.94^{b}	1.79^{b}
150	2.54^{a}	2.69^{a}	2.49^{a}
SE±	0.072		

As médias com letra(s) diferente(s) diferem significativamente ao nível de 5% de probabilidade utilizando o DMRT.

Tabela 27. Interação entre o azoto e os métodos de sementeira sobre o peso fresco das folhas t ha^{-1} às 12 WAS em ZKR

N	Methods		
	Broadcasting	Dibbling	Drilling
0	2.08^{e}	2.42^{e}	2.41^{e}
50	3.80^{cd}	3.62^{d}	3.57^{d}
100	4.63^{bc}	5.05^{b}	4.82^{b}
150	5.94^{a}	6.34^{a}	5.50^{ab}
SE±	0.243		

As médias com letra(s) diferente(s) diferem significativamente ao nível de 5% de probabilidade utilizando o DMRT.

4.1.9 Peso seco da folha

O efeito da taxa de N, método de sementeira e taxa de sementes no peso seco das folhas em BUK foi apresentado no Quadro 28. O azoto teve um efeito significativo no peso seco das folhas às 4, 8 e 10 WAS em BUK, bem como em todos os períodos de amostragem em ZKR. O resultado mostrou que as parcelas que receberam 150 kg N ha^{-1} registaram consistentemente o maior peso seco das folhas, enquanto a parcela de controlo registou o menor peso seco das folhas em ambos os locais em ambos os períodos de amostragem. O método de sementeira teve um efeito significativo no peso seco das folhas às 10 e 12 WAS em ambos os locais. Na BUK, o peso seco das folhas mais elevado foi obtido nas parcelas que receberam o método de sementeira por difusão, enquanto na ZKR o método de sementeira por diblagem produziu o peso seco das folhas mais elevado e o método de sementeira por perfuração produziu o peso seco das folhas mais baixo (Quadro 28). A taxa de sementeira mostrou uma diferença significativa às 10 e 12 WAS em ambos os locais. As parcelas que receberam baixa taxa de sementes produziram o maior peso seco das folhas, enquanto a taxa de sementes mais elevada foi associada ao menor peso seco.

Foi observada uma interação significativa entre o N e os métodos de sementeira no peso seco das folhas aos 10 DAA na BUK, bem como aos 6 e 10 DAA na ZKR. A Tabela 29 mostra a interação entre N e os métodos de sementeira no peso seco das folhas aos 10 DAA em BUK. O método de sementeira Dibbling com 150 kg N ha^{-1} produziu o maior peso seco das folhas na BUK aos 10 DAA. Tendência semelhante foi observada aos 6 e 10 DAA em ZKR (Tabelas 30 e 31).

Quadro 28. Efeitos do azoto, métodos de sementeira e taxa de sementes no peso seco das folhas t ha^{-1} de *Celosia argentea* em BUK e ZKR

Treatment	BUK (WAS)				ZKR (WAS)			
	4	6	8	10	4	6	8	10
Nitrogen (kg/ha)(N)								
0	0.03c	0.42	0.75d	1.43d	0.03c	0.48d	1.00d	1.55d
50	0.03c	0.46	0.96c	1.98c	0.03c	1.05c	2.01c	2.74c
100	0.05b	0.56	1.21b	2.66b	0.04b	1.41b	2.85b	3.70b
150	0.06a	0.90	1.86a	3.91a	0.05a	1.97a	4.05a	4.59a
SE±	0.009	0.065	0.051	0.063	0.005	0.112	0.060	0.030

Métodos de sementeira(S)								
Broadcasting	0.04	0.66	1.26a	2.60a	0.04	1.25	2.45ab	3.11ab
Drilling	0.04	0.51	1.10b	2.40b	0.04	1.15	2.34b	3.04b
Dibbling	0.04	0.59	1.22ab	2.48ab	0.04	1.28	2.60a	3.28a
SE±	0.008	0.041	0.044	0.055	0.004	0.0443	0.052	0.026
Seed Rate (R)								
Low	0.04	0.61	1.23a	2.53a	0.04	1.25	2.54a	3.20a
High	0.04	0.56	1.16b	2.46b	0.04	1.21	2.40b	3.09b
SE±	0.006	0.019	0.036	0.045	0.004	0.032	0.043	0.021
Interaction								
N x S	NS	NS	NS	**	**	NS	NS	**
N x R	NS	NS	NS	NS	NS	NS	NS	NS
S x R	NS	NS	NS	NS	NS	NS	NS	NS
N x S x R	NS	NS	NS	NS	NS	NS	NS	NS

As médias numa coluna de qualquer conjunto de tratamentos seguidas pela(s) mesma(s) letra(s) não são significativamente diferentes ao nível de 5% de produtividade utilizando o teste de Duncan de intervalos múltiplos (DMRT), NS = Não significativo.
** = Altamente significativo, WAS = Semanas após a sementeira.

Tabela 29. Interação entre o azoto e os métodos de sementeira sobre o peso seco das folhas às 12 DAA em BUK

N	Methods		
	Broadcasting	Dibbling	Drilling
0	1.32^{f}	1.44^{f}	1.54^{f}
50	2.06^{def}	1.73^{ef}	2.15^{def}
100	3.06^{bcd}	2.63^{cde}	2.28^{def}
150	3.96^{ab}	4.13^{a}	3.62^{abc}
SE±	0.283		

As médias com letra(s) diferente(s) diferem significativamente ao nível de 5% de probabilidade utilizando o DMRT.

Tabela 30. Interação entre o azoto e os métodos de sementeira no peso seco das folhas aos 6 WAS em ZKR

N	Methods		
	Broadcasting	Dibbling	Drilling
0	0.03^{c}	0.03^{c}	0.03^{c}
50	0.03^{c}	0.03^{c}	0.03^{c}
100	0.04^{b}	0.04^{b}	0.04^{b}
150	0.04^{b}	0.05^{a}	0.05^{a}
SE±	0.678		

As médias com letra(s) diferente(s) diferem significativamente ao nível de 5% de probabilidade utilizando o DMRT.

Tabela 31. Interação entre o azoto e os métodos de sementeira sobre o peso seco das folhas às 12 semanas em ZKR

N	Methods		
	Broadcasting	Dibbling	Drilling
0	1.40^{f}	1.6^{f}	1.61^{f}
50	2.85^{de}	2.73^{e}	2.63^{f}
100	3.52^{cd}	3.83^{bc}	3.75^{c}
150	4.65^{ab}	4.94^{a}	4.17^{abc}
SE±	0.218		

As médias com letra(s) diferente(s) diferem significativamente ao nível de 5% de probabilidade utilizando o DMRT.

4.1.10 Peso de mil sementes

O quadro 32 mostra os efeitos do azoto, dos métodos de sementeira e da taxa de sementes no peso de mil sementes de celosia. As taxas de azoto e os métodos de sementeira tiveram efeitos significativos no peso de mil sementes da cultura testada em ambos os locais. O resultado indicou que houve aumentos no peso da semente com o aumento de N. As parcelas que receberam 150 kg N ha^{-1} produziram o maior peso de mil sementes. A parcela de controlo produziu o peso de sementes mais baixo em ambos os locais. O método de sementeira por gotejamento registou o maior peso de 1000 sementes, enquanto que o método de difusão teve o menor em ambos os locais. A taxa de sementes não mostrou efeito significativo no peso de 1000 sementes em ambos os locais.

Foi observada uma interação significativa entre a taxa de azoto e os métodos de sementeira no peso de 1000 sementes em ZKR (Quadro 33). O método de sementeira com 150 kg N ha^{-1} registou o maior peso de sementes. Este foi seguido de perto pelo método de sementeira por perfuração com a mesma taxa. O método de difusão sem aplicação de fertilizante azotado registou o peso de sementes mais baixo.

4.1.11 Peso da panícula

A Tabela 34 mostra os efeitos do fertilizante de nitrogénio, métodos de sementeira e taxa de sementes no rendimento da panícula (kg ha^{-1}) da celosia. Houve diferenças significativas no peso da panícula com o aumento do N em ambos os locais, onde 150 kg N ha^{-1} produziu o maior peso da panícula (90,198 kg ha^{-1}). Seguiram-se 100 kg N ha^{-1} e 50 kg N ha^{-1} , enquanto o controlo teve o peso de panícula mais baixo em ambos os locais. Quando os métodos de semeadura foram considerados, houve diferenças significativas observadas entre as médias em ambos BUK e ZKR onde o método dibbling produziu os maiores pesos de panícula. Seguiram-se os métodos de sementeira por perfuração e por difusão, que produziram os pesos de panícula mais baixos. A taxa de sementes não teve efeito significativo no peso da panícula em ambos os locais.

Quadro 32. Efeitos do azoto, métodos de sementeira e taxa de sementes no peso de 1000 sementes de *Celosia argentea* em BUK e ZKR

Treatment	BUK	ZKR
Nitrogen (kg/ha) (N)		
0	11.06d	11.58d
50	13.80c	13.90c
100	15.32b	14.98b
150	16.56a	16.36a
SE±	0.011	0.086
Sowing Methods (S)		
Broadcast	13.33c	13.57c
Drilling	14.25b	14.22b
Dibbling	14.96a	14.83a
SE±	0.093	0.074
Seed rate (R)		
Low	14.29	14.26
High	14.08	14.16
SE±	0.076	0.061
Interaction		
N X S	NS	**
N X R	NS	NS
S X R	NS	NS
N X S X R	NS	NS

As médias numa coluna de qualquer conjunto de tratamentos seguidos pela(s) mesma(s) letra(s) não são significativamente diferentes ao nível de 5% de probabilidade utilizando o DMRT. NS =Não significativo,
**= Altamente significativo, WAS = Semanas após a sementeira.

Tabela 33. Interação entre o azoto e os métodos de sementeira no peso de 1000 sementes em ZKR

N	Methods		
	Broadcasting	Dibbling	Drilling
0	10.16^{g}	12.84^{ef}	11.76^{fg}
50	13.58^{de}	14.16^{cde}	13.96^{de}
100	14.70^{bcd}	15.37^{a-d}	$14.89d^{bcd}$
150	15.84^{abc}	16.97^{a}	16.26^{ab}
SE±	0.503		

As médias com letra(s) diferente(s) diferem significativamente ao nível de 5% de probabilidade utilizando o DMRT.

Tabela 34. Efeitos do azoto, métodos de sementeira e taxa de sementes no peso da panícula kg ha^{-1} de *Celosia argentea* em BUK e ZKR

	BUK Panicle Weight	ZKR Panicle Weight
Nitrogen (kg/ha) (N)		
0	36.70d	31.24d
50	61.27c	41.15c
100	77.93b	45.13b
150	90.20a	55.21a
SE±	1.248	0.817
Sowing Methods (S)		
Broadcast	58.51c	41.77b
Drilling	67.61b	42.07b
Dibbling	73.45a	45.72a
SE±	1.529	0.708
Seed rate (R)		
Low	67.0a	44.08a
High	65.45b	42.29b
SE±	1.248	0.578
Interaction		
N X S	**	NS
N X R	NS	NS
S X R	NS	NS
N X S X R	NS	NS

As médias numa coluna de qualquer conjunto de tratamentos seguidas pela(s) mesma(s) letra(s) não são significativamente diferentes ao nível de 5% de probabilidade, utilizando o teste de Duncan de intervalos múltiplos (DMRT), NS = Não significativo, ** = Altamente significativo, WAS = Semanas após a sementeira.

A Tabela 35 mostra a interação entre N e métodos de sementeira no peso da panícula em BUK. O resultado mostrou que o método de sementeira por perfuração com 150 kg N ha^{-1} produziu o maior peso de panícula. Este foi seguido de perto pelo método de sementeira com o mesmo nível de N e o menor peso de panícula foi obtido em parcelas que receberam o método de sementeira com 0 kg N ha .$^{-1}$

4.1.10 Rendimento das sementes

O quadro 36 mostra os efeitos do azoto, dos métodos de sementeira e da taxa de sementes na produção de sementes (kg ha^{-1}) de celosia. Houve diferenças significativas no peso das sementes com o aumento de N em ambos os locais, onde 150 kg N ha^{-1} de azoto produziu o maior rendimento em ambos os locais. Quando os métodos de sementeira foram considerados, foram observadas diferenças significativas entre as médias. O método de sementeira por gotejamento produziu o maior peso de sementes, enquanto o método de sementeira por difusão teve o menor rendimento em ambos os locais.

A Tabela 37 mostra a interação entre N e métodos de sementeira no peso das sementes em BUK. O método de sementeira com a aplicação de 150 kg N ha^{-1} produziu o maior peso de sementes. Este foi seguido de perto pelo método de sementeira por perfuração com a mesma taxa de N e as parcelas que receberam o método de sementeira por difusão com 0 kg N ha^{-1} produziram o menor rendimento de sementes.

4.1.13 Análise de correlação entre vários componentes de crescimento e rendimento

Os resultados da análise de correlação que mostram o tipo e a magnitude da associação entre a produção de sementes de celosia e vários componentes de crescimento e produção em BUK e ZKR foram apresentados nos Quadros 38 e 39, respetivamente. Existem correlações altamente significativas (P<0,01) e positivas entre a produção de sementes de celosia e o número de ramos, peso fresco da folha, peso seco da folha, peso de 1000 sementes e peso da panícula em BUK e ZKR.

Quadro 35. Interação entre o azoto e os métodos de sementeira no peso da panícula kg ha^{-1} em BUK

N	Methods		
	Broadcasting	Dibbling	Drilling
0	23.11^{h}	49.44^{f}	37.55^{g}
50	49.43^{f}	69.09^{de}	65.29^{e}
100	74.30^{cd}	84.00^{b}	75.77^{c}
150	87.50^{ab}	91.26^{a}	91.84^{a}
SE±	2.162		

As médias com letra(s) diferente(s) diferem significativamente ao nível de 5% de probabilidade utilizando o DMRT.

Tabela 36. Efeitos do azoto, métodos de sementeira e taxa de sementes no rendimento de sementes kg ha^{-1} de *Celosia argentea* em BUK e ZKR

Treatment	BUK	ZKR
	Seeds Weight	Seeds Weight
Nitrogen (kg/ha) (N)		
0	12.34d	10.72d
50	21.43c	13.73c
100	25.28b	15.02b
150	29.86a	18.40a
SE±	0.537	0.292
Sowing Methods (S)		
Broadcast	19.50c	13.96b
Drilling	22.46b	14.06b
Dibbling	24.73a	15.38a
SE±	0.658	0.243
Seed rate (R)		
Low	22.42	14.48a
High	22.04	14.09b
SE±	0.537	0.206
Interaction		
N X S	**	NS
N X R	NS	NS
S X R	NS	NS
N X S X R	NS	NS

As médias numa coluna de qualquer conjunto de tratamentos seguidas pela mesma letra (s) não são significativamente diferentes ao nível de 5% de probabilidade utilizando o teste de Duncan de intervalo múltiplo (DMRT), NS = Não significativo, ** = Altamente significativo, WAS = Semanas após a sementeira.

Tabela 37. Interação entre o azoto e os métodos de sementeira no rendimento das sementes em BUK

N	Methods		
	Broadcasting	Dibbling	Drilling
0	7.38[d]	17.07[bc]	12.58[cd]
50	16.34[bc]	24.93[ab]	23.01[ab]
100	24.23[ab]	26.93[a]	24.69[ab]
150	30.05[a]	29.98[a]	29.56[a]
SE±	2.485		

As médias com letra(s) diferente(s) diferem significativamente ao nível de 5% de probabilidade utilizando o DMRT.

Tabela 38. Matriz de correlação simples entre os componentes de crescimento e rendimento de *Celosia argentea* em BUK

	1	2	3	4	5	6	7	8	9
1	0.4549								
2	0.4393	0.3954							
3	0.4643	0.4176	0.6983*						
4	0.5987	0.5987	0.635*	0.8338**					
5	0.5417	0.5417	0.6256	0.7835**	0.9477**				
6	0.3813	0.4118	0.5757	0.8046**	0.799**	0.7725**			
7	0.6515	0.5362	0.7719**	0.8696**	0.8461**	0.8117**	0.7774**		
8	0.652*	0.5139	0.7631**	0.8404**	0.8545**	0.8072**	0.7724**	0.9545**	
9	0.6579*	0.5256	0.7522*	0.8032**	0.813**	0.7798**	0.7157*	0.9276**	0.9752*

*= Significativo a 5 %

**=Significativo a 1%

1= Altura da planta em10 WAS
2= Número de folhas a 10 WAS
3= Diâmetro do caule a 10 WAS
4= Número de ramos em 10 WAS
5= Peso fresco das folhas às 10 WAS
6= Peso seco da folha
7= Área foliar
8= Peso de 1000 sementes
9= Peso da panícula
10= Rendimento das sementes

Tabela 39. Matriz de correlação simples entre os componentes de crescimento e rendimento de *Celosia argentea* em ZKR

	1	2	3	4	5	6	7	8	9
1	0.5539								
2	0.2616	0.3289							
3	0.4896	0.6921*	0.2566						
4	0.6447*	0.6706*	0.1868	0.8982**					
5	0.6498*	0.6657*	0.1748	0.8968**	0.9959**				
6	0.5242	0.5849	0.1020	0.7511*	0.82**	0.8158**			
7	0.6259	0.7288*	0.2241	0.8546**	0.9313**	0.921**			
8	0.6172	0.6823*	0.2637	0.8933**	0.9097**	0.9061**	0.8764**		
9	0.6022	0.6647*	0.2499	0.8823**	0.8958**	0.8933**	0.8625**	0.994**	

*=Significativo a 5%

**=significativo a 1%

2= Número de folhas a 10 WAS

3= Diâmetro do caule a10 WAS

4= Número de ramos em 10 WAS

5= Peso fresco das folhas às 10 WAS

7=Área foliar a 12 WAS

8=1000 peso das sementes

9=Peso do panículo

10= Rendimento das sementes

4.1.14 Análise de regressão entre o peso fresco das folhas e as taxas de azoto em BUK e ZKR

A análise de regressão para BUK e ZKR mostrou (figura 1) que a relação entre o rendimento (peso total de folhas frescas) e as taxas de azoto era linear, o que significa que o rendimento de folhas frescas aumentava com o aumento das taxas de azoto até ao nível mais elevado. Isto foi confirmado pelo coeficiente de determinação, que foi de 0,997 e 0,970 para ZKR e BUK, respetivamente. Isto indica que mais de 90% das variáveis no rendimento foram contabilizadas pela regressão.

4.1.15 Análise de regressão entre a produção de sementes e as taxas de azoto em BUK e ZKR

A análise de regressão mostrou que houve uma resposta linear da produção de sementes à aplicação de azoto tanto para BUK como para ZKR (figura 2). Isto mostrou que a relação entre a produção de sementes e as taxas de azoto era linear. O rendimento das sementes aumentou com o aumento das taxas de azoto até ao nível mais elevado. Isto foi confirmado pelo coeficiente de determinação, que foi de 0,958 e 0,975 para BUK e ZKR, respetivamente. Isso indica que mais de 90% da variação na produção de sementes foi explicada pela regressão.

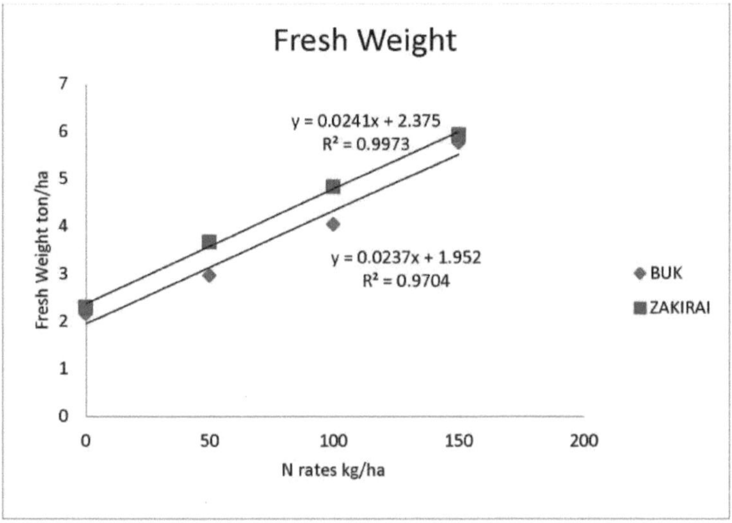

Figura 1. Resposta linear do peso fresco das folhas ao fertilizante N

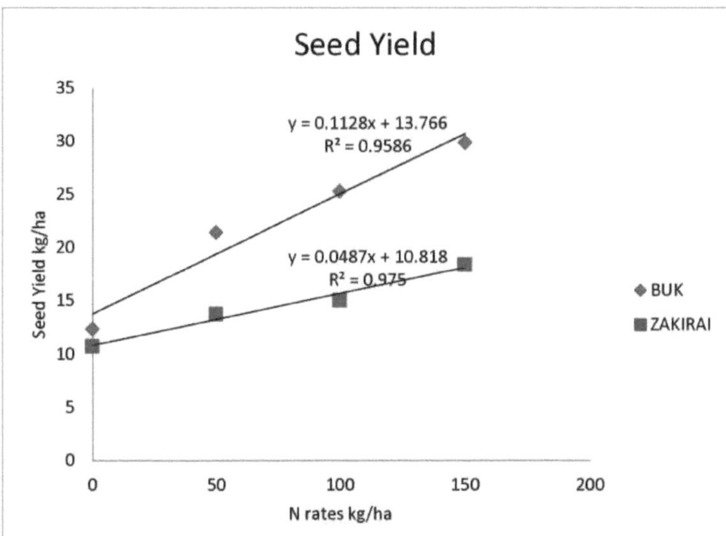

Figura 2. Resposta linear da produção de sementes à fertilização com N

4.2 DISCUSSÃO 4.2.1 Crescimento e rendimento de Celosia afectados pela aplicação de azoto

As respostas favoráveis registadas por todos os parâmetros de crescimento da celosia em resultado da aplicação de azoto podem dever-se ao papel importante que o N desempenha nas actividades meristemáticas e fisiológicas das plantas. Este facto foi confirmado por Isa *et al.* (2009). O aumento pode também dever-se à propriedade do fertilizante azoto de aumentar o crescimento vegetativo, uma vez que é um constituinte importante da clorofila, dos aminoácidos e dos ácidos nucleicos (Sauchelli, 1978; Bharnagar e Pandita, 1979). O número de folhas por planta aumentou com o aumento dos níveis de azoto. Isto aumentou as actividades fotossintéticas, o que levou a um aumento do rendimento da planta. A aplicação de azoto também resulta num maior número de ramos por planta à medida que as semanas aumentam após a plantação.

A Celosia exibiu um aumento do crescimento com o aumento da taxa de fertilizante N. Estudos anteriores efectuados por Babatola e Olaniyi (1998) revelaram que a aplicação de 120-160 kg N ha^{-1} através de ureia produziu o melhor crescimento e rendimento de *Celosia argentea. O* aumento significativo dos atributos de crescimento e rendimento com o aumento da taxa de N concordou com as conclusões de Naidoo (2009), que podem ser atribuídas ao aumento da taxa de fotossíntese como resultado do aumento da síntese de clorofila nas folhas e da eficiência de nutrientes da planta vegetal.

De acordo com Olaniyi *et al.,* (2008) o sistema de cultivo de hortaliças requer um maior grau de gestão e utiliza uma grande quantidade de N do que a maioria dos sistemas de cultivo agronómicos, o que sugere que o aumento da taxa de N aumenta o tamanho e o número de células como resultado da divisão e expansão celular, levando a um maior crescimento do caule, número de folhas e outras partes vegetativas da planta. O efeito positivo das taxas de N aplicadas nos rendimentos de rebentos frescos e secos está de acordo com o relatório de Olaniyi (2000), onde o NPK foi eficaz no aumento do rendimento final do melão.

4.2.2 Resposta da Celosia aos métodos de sementeira

Foi observado um efeito significativo do método de sementeira no peso total das folhas frescas da planta, altura da planta, diâmetro do caule, número de ramos, área foliar, peso de 1000 sementes, panícula e rendimento de sementes. Em BUK e ZKR, os efeitos do método de sementeira foram mais significativos no peso fresco das folhas, altura da planta, número de ramos, panícula e peso das sementes. Isto é uma indicação de que o método de sementeira utilizado pode determinar as condições óptimas para o crescimento da celosia e o desenvolvimento da parte da planta envolvida.

4.2.3 Resposta da Celosia à taxa de sementeira, uma vez que afecta o crescimento e o rendimento da Celosia

A pressão da densidade exercida pelo número de plantas por área determinada reduziu significativamente a altura das plantas, o número de folhas e de ramos. No entanto, os tratamentos não foram significativamente diferentes no que respeita ao diâmetro do caule. A produção de matéria seca também foi significativamente reduzida pelo aumento da taxa de sementes, independentemente do número de semanas após a sementeira (WAS). A elevada população de plantas resultante de uma elevada taxa de sementes resultou numa forte competição entre as plantas individuais por nutrientes e, provavelmente, por humidade, o que afectou negativamente o crescimento e o desenvolvimento da celosia. A taxa de sementes mostrou um efeito competitivo ao induzir uma redução significativa no diâmetro do caule. Ogunyemi *et al.* (2001)

mostraram uma redução semelhante no desempenho da cultura. Quando *Solanum nigrum* cresceu em associação com *Amaranthus cruentus,* Ogunyemi *et al.* (2000) também obtiveram resultados semelhantes no estudo da interação competitiva entre *Amaranthus spinosus* e *Glycine max.*

4.2.4 Interação entre o azoto e os métodos de sementeira

A interação significativa entre o azoto, os métodos de sementeira e a taxa de sementes no rendimento e nas componentes do rendimento da *Celosia argentea* pode estar associada à competição pelo azoto nos diferentes métodos de sementeira e taxas de sementes. O método de sementeira por difusão e a elevada taxa de sementes, quando aplicados, podem intensificar a competição por espaço, nutrientes e humidade entre as plantas. Isto pode eventualmente afetar o rendimento da cultura. O método de sementeira por gotejamento assegura um espaço mais amplo entre as plantas e, quando combinado com um elevado nível de azoto, promove o crescimento das plantas, apoia um elevado desempenho das culturas e rendimentos superiores devido à redução da competição pelo espaço, luz solar, nutrientes e humidade do solo (Olaniyi *et al.* 2008).

Os níveis de azoto e os métodos de sementeira, bem como a interação da taxa de sementeira no crescimento, rendimento e componentes do rendimento, podem dever-se à resposta diferencial da *Celosia argentea* aos recursos ambientais, em particular aos nutrientes do solo. A superioridade do método de sementeira dibbling, a baixa taxa de sementeira e o elevado nível de azoto em termos de rendimento e de componentes do rendimento devem-se à sua capacidade de permitir que a cultura explore ao máximo os recursos ambientais e expresse as caraterísticas genéticas inerentes à cultura.

O método de sementeira em linha com um nível de azoto de 150 kg N ha^{-1} permitiu um melhor desenvolvimento e expressão dos caracteres das plantas. De acordo com Ogunyemi *et al.* (2005), os parâmetros altura da planta, diâmetro do caule e número de folhas são de grande valor para a comercialização do vegetal, porque o consumidor prefere folhas altas, volumosas, robustas e em cacho e caules suculentos quando efectua a compra.

4.2.5 Resposta linear à análise de correlação

A análise de correlação mostrou que existe uma relação altamente significativa e positiva entre alguns dos parâmetros de crescimento e rendimento. Este resultado positivo entre os componentes do crescimento e do rendimento em ambos os locais deveu-se provavelmente ao facto de serem factores determinantes importantes para o crescimento, o rendimento e os componentes do rendimento. Este resultado está de acordo com o relatório de De Giorgio *et al.* (2007), que observaram que o peso de 100 sementes é o componente mais importante na determinação do rendimento em várias culturas oleaginosas.

4.2.6 Resposta Linear à Análise de Regressão

A análise de regressão mostrou que houve uma resposta linear do peso total das folhas frescas às taxas de azoto e à produção de sementes. Houve uma resposta linear da produção de sementes ao aumento da aplicação de N, indicando que a aplicação de azoto aumenta o crescimento e a produção de celosia. Achados semelhantes foram registados por Ayodele (2003) em Amaranto.

CAPÍTULO CINCO

5.0 RESUMO E CONCLUSÃO

5.1 RESUMO

Foi realizado um estudo para determinar os efeitos do azoto, dos métodos de sementeira e da taxa de sementes no crescimento e rendimento da *Celosia argentea* durante a estação das chuvas de 2013 na Quinta de Investigação da Universidade Bayero, Kano (BUK) (11° 59'N; 8° 25'E; 466m acima do nível do mar) e Zakirai (ZKR), Governo Local de Gabasawa, Estado de Kano. Ambos os locais estavam situados na zona agro-ecológica da savana do Sudão, na Nigéria. O objetivo da investigação era avaliar os efeitos de diferentes taxas de sementeira, identificar o melhor método de sementeira e determinar o nível ótimo de azoto para a celosia na savana do Sudão da Nigéria.

A experiência foi conduzida para estudar o efeito de diferentes taxas de sementes, identificar o melhor método de sementeira e determinar a taxa óptima de fertilizante azotado no desempenho da Celosia argentea (L) na savana do Sudão. A experiência consistiu em três factores: quatro níveis de azoto (0, 50, 100 e 150 kg N ha^{-1}), três métodos de sementeira (difusão, perfuração e diblagem) e duas taxas de sementes (4 kg ha^{-1} e 2kg ha^{-1}). Os tratamentos foram dispostos num esquema de parcelas divididas e repetidos três vezes. A aplicação de nitrogénio à taxa de 150 kg N ha^{-1} foi superior para o crescimento vegetativo da celosia (peso fresco da folha, altura da planta, número de folhas e ramos), rendimento e componentes do rendimento (peso de 1000 sementes, panícula e peso das sementes). O resultado indicou ainda que o método de sementeira dibbling produziu plantas mais altas, maior número de folhas e número de ramos, área foliar, peso de mil sementes, panícula e rendimento de sementes. O resultado também mostrou que as parcelas com baixa taxa de sementes se saíram melhor do que as parcelas com alta taxa de sementes na maioria dos parâmetros.

Foram observadas interações significativas entre o azoto e os métodos de sementeira na altura das plantas, número de ramos, peso fresco e seco das folhas, área foliar, peso de 1000 sementes, peso da panícula e das sementes. Também se observou uma interação significativa entre o azoto e a taxa de sementes no número de ramos às 8 e 10 WAS em ZKR. O peso de 1000 sementes, o peso da panícula e das sementes foram os determinantes mais importantes do rendimento de grãos ha^{-1} tanto na BUK como na ZKR. A aplicação de 150 Kg N ha^{-1} + método de sementeira dibbling + baixa taxa de sementes produziu os maiores rendimentos vegetativos e de sementes em ambos os locais.

5.2 CONCLUSÃO

O resultado da experiência mostrou que a aplicação de 150 kg N ha^{-1} deu o maior rendimento de celosia em ambos os locais. Também se obteve um rendimento mais elevado com a utilização do método de sementeira em dibbling e verificou-se que a baixa taxa de sementes era superior à alta taxa de sementes em ambos os locais. Sugere-se que os agricultores da área de estudo que estão envolvidos na produção de *Celosia argentea* na área de estudo utilizem 150 kg N ha- 1, o método de sementeira dibbling e uma baixa taxa de sementes para aumentar a produtividade da cultura.

REFERÊNCIAS

Abukutsa, M.A. (2003). The role of African Indigenous vegetables in poverty alleviation in Kenya (O papel dos legumes indígenas africanos na redução da pobreza no Quénia). Procedimentos do 1st Prota International workshop, 23-25 de setembro, Nairobi, Quénia 269-269.

Akingbala, J.O., Adeyemi, S.A., Sangodoyin , Oke,O.I. (1994). Avaliação de grãos de amaranto para o fabrico de óleo. *Alimentos vegetais para a nutrição humana* 46: 19-26.

Akinyemi, S.O.S. e Tijani-Eniola, H. (1997). Efeitos da densidade da mandioca na produtividade dos sistemas de cultura intercalares de banana e mandioca. *Fruta* 50: 17-23.

Awe, G.O. e Abegunrin, T.P. (2009). Efeitos do sistema de cultivo intercalar de amaranto e lavoura de baixo insumo no crescimento e rendimento do milho. *Jornal Africano de Investigação Agrícola* 4 (7): 578-583.

Ayodele, V.I. (2003). Influência da fertilização com azoto no rendimento de espécies de amaranto ISHS Ata Horticulture 571: Workshop "Towards and Ecological sound fertilization in field vegetable production". URL http//www.Ata Horticultural Organization 196. Recuperado em 23/06/12.

Babatola, L.A e Olaniyi, J.O. (1998). Crescimento e prazo de validade de Amaranthus caudatus sob diferentes níveis de fertilizante N.P.K e condições de armazenamento. Actas da 16th Conferência Nacional da Sociedade de Horticultura da Nigéria (HORTSON) 36-39.

Badra, T. (1991). Espinafre de Lagos em leguminosas e legumes. In: Williams JT (ed) London, Chapman and Hall 131-163.

Bailey, A. J. (2010). Colorado Master Gardener, Extensão Cooperativa da Universidade do Estado do Colorado, Condado de Denver, Estados Unidos da América. www.colostate,edu/../nitrogen.htm. Recuperado em 12/10/2015 13:55.

Bharnagar, D. K e Pandita M.L (1979). A note on the effect of nitrogen, phosphorus and spacing on growth and yield of tomato cultiva HS-102. *Haryana Journal of Horticultural Science* 8(1-2): 73-75.

De Giorgio, D., Montemurro, F. e Fornaro, F. (2007). Experiência de campo de quatro anos sobre a aplicação de azoto a genótipos de girassol cultivados em condições semi-áridas, *Helia* 30(47): 15-26.

FAO, (2004). Organização das Nações Unidas para a Alimentação e a Agricultura, base de dados estatísticos. Sítio Web FAOSTAT, http//faostat.fao. Recuperado em 10/10/2013.

Isah, A.S.,Dauda, H., Mustafa, M.M., Luka, G.L., Hinjari, A.D e Alhassan J. (2009). Crescimento vegetativo e rendimento foliar de *Celosia argentea (L.)* influenciados pelas taxas de fertilizante de azoto. Actas da 46th Conferência Anual da Sociedade Agrícola da Nigéria, Kano, 2012, p. 657-659.

Kwari, J.D. (2005). Estado da fertilidade do solo em algumas comunidades do sul de Borno. Relatório final para o Projeto PROSAB, Maiduguri, Nigéria, p. 21.

Lambert, T.M. (1993). Nova cultura hortícola para o Sudeste dos Estados Unidos. In: *New Crops Journal* Janick e J.E. Simon (edição) Wiley, Nova Iorque 82-92.

Lovisolo, O. e Lisa, V. (1979). Estudos sobre o Amaranthus leaf Mottle virus na região mediterrânica. *Phytopathologia Mediterranea* 18: 89-93.

Makus, D.J. e Davis D.R (1984). A mid Summer Crop for fresh greens or Canning vegetable amaranth. *Arkensas Farm Research* 33: 10-11.

Morris, D.R. (1994). Resposta do rendimento e da qualidade da forragem de azevém à combinação de sulpur e fertilização com azoto. *Scientific Plant Analysis* 25(17 and 18): 30353046.

Muonelle, C.O. e Ndukwe, O.O. (2008). Efeito da população e do arranjo espacial na produtividade do sistema de cultivo intercalar Quiabo/Amaranto. *AgroScience* 7(1): 15-21.

Naidoo, G. (2009). Efeito diferencial do enriquecimento com azoto e fósforo no crescimento dos mangais anões *de Avicenia inarina. Aquatic Botany* 90(2): 184-190.

NIHORT, (1986). Instituto Nacional de Investigação Hortofrutícola, Ibadan. Advances in fruits and vegetables research. Uma publicação comemorativa para assinalar o décimo aniversário do instituto 62.

NIHORT, (2008). Instituto Nacional de Investigação Hortofrutícola, Ibadan. Programa de investigação de produtos hortícolas. Efeito de fontes e taxas de fertilizantes no crescimento e rendimento de sementes de Celosia. Relatório anual 12-14.

Nnoli, N.O., S.S. Jagtab, K.O. Oluwasemire, S.A. Sanni, S.A. Sanni, S.A. Ibrahim, J.M. Jibrin, S.Adebola, A.O. Ekeke, A.I. Yakubu, S. Miko, G.O. Ajaezi, J.B. Omotosho, B. Akwarandu, S.K. Miuwa, J.U. Carsky, (2006). Previsão da data de plantação na Nigéria, (Edição) S.S Jagtap. Relatório apresentado ao Secretariado Internacional START para a subvenção USNSF GEO-0203288, Washington, DC 31.

Ogunyemi, S., Awodoyin, R.O. e Out, N.A. (2000). Chemical control of *Ageratum conyzoides, Amaranthus spinosus* and *Cyperus rotundus* In Soyabeans *[Glycine max (L.) Merril], Journal of Tropical Forest Resources* 6(1): 143-15.

Ogunyemi, S.A., Awodoyin, R.O. Osunkoya, O.O., Olubode, O.S. e Wewe, O.F. (2001). Resposta de *Vigna unguiculata (L.)* Walp e *Amaranthus cruentus (L.)* Thell à interferência de *Acalypha segetalis* Mull Arg em terras marginais no sudoeste da Nigéria. *African crop science* proceedings 5: 203-208.

Ogunyemi, S., Ibrahim, S.E., Koleowo, O.O. e Awodoyin, R.O. (2005). Impacto competitivo do *Amaranthus spinosus* na produção de *Celosia argentia* e *Corchorus olitorus* no sudoeste da Nigéria. Actas da Conferência *Africana de Ciências Agrárias*, volume 6: 53-57.

Ojo, D.O e Olufolaji, A.O (1997). Taxa óptima de NPK para o crescimento e rendimento da Celosia argentea. Instituto Nacional de Investigação em Horticultura (NIHORT), Ibadan, Nigéria. Relatório anual 53-58.

Olasantan, F.O (1994). Utilização de fertilizantes na produção de produtos hortícolas na Nigéria. *Outlook on Agriculture* volume 23(3): 213-222.

Olaitan, S.O. e Lombin, G. (1983). Introdução à ciência dos solos tropicais (edição O.C. Ochapa) Macmillan Intermediate Agricultural Series. Macmillan Education Limited, Londres e Basingoke p.126.

Olaniyi, J.O. (2000). Crescimento, sementes e eficiência de utilização de nutrientes de cultivares de melão Egusi afectados pela fertilização NPK 15-15-15. *Journal of Agriculture, Biotechnology and Environment* 2(1/2) 11-16.

Olaniyi, J.O., Adelasoye, K.A. e Jegede, C.O (2008). Influência do fertilizante azotado no crescimento, rendimento e qualidade das variedades de amaranto para grão. *Revista Mundial de Ciências Agrícolas* 4(4): 506-513.

Olufolaji, A.O., Nwanguma, E. I., Nworie, H., Ibekwe, H., Ngbede, S, Idowu- Agida, O. e Ohaneje, A. (2008). Efeito de formas e taxas de fertilizantes no crescimento e rendimento de sementes de celosia. In: NIHORT. Relatório anual 22-24.

Sabine, R.G., Geno, A.P., Leigh, W.M. e Marisa, M.W. (2010). Rendimento e qualidade de flores de corte de Celosia e Globe Amaranth cultivadas no campo em quatro densidades de plantas. *Horticultural Technology* volume 20 (3): 612-619.

Sandabe, M.K. e Bapatel, U., (2008). A resposta do tomate à aplicação de molibdénio no semiárido do Nordeste da Nigéria. *Jornal Internacional de Agricultura e Biologia* 10: 78-108.

Statistic Analysis Systems (SAS), Instituições incorporadas, (1989). Guia do utilizador do SAS. SAS Institute/STAT User's Guide Version 6, 4ª edição, volume 2. Cary, NC, Estados Unidos da América. .

Sauchelli, V. (1978). O papel do azoto na agricultura. Em Fertilizantes azotados. Its chemistry and technology Reinhold publishing corporation. Chapman and hall Ltd. Londres, p. 1-9.

Schippers, R.R. (2000). Vegetais indígenas africanos: An overview of the cultivated species. Universidade de Greenwich e Centro Técnico ACP-UE para a Cooperação Agrícola e Rural, Reino Unido, p.214.

Sestak, Z., Catsky, J. e Jarvis, P.G. (1971). Plant photosynthetic production. Manual de métodos. Dr. W. Junk M.V publishers, Haia, Países Baixos 528-529.

Siddiqui, M.A. e Allam, M.M. (1989). Reacções de espécies de Amaranthus ao nemátodo reniforme. *Testes de agroquímicos e cultivares* (10): 130-131.

Sterrett, S.B. e Savage, G.P. (1989). Ervas culinárias como culturas alternativas. *The vegetable growers News* 42: 3-4.

Singh, U., J. K. Ladha, E. G. Castillo, G. C. Punzalam, A. Toril-Padre e M. Duqueza (1998). Variação genotípica na eficiência da utilização do azoto em arroz de média e longa duração. *Field Crops Research* 58: 35-53.

Tentonicos, R.A. e Knorr, D. (1985). Composição do amaranto, propriedades e tempo de aplicação do fertilizante de azoto no crescimento e rendimento do amaranto, *Amaranthus tricolor L.* Resumo em inglês indonésio. *Penelitan Hortikultura* 17: 31-40.

URL http: // www.AgriInfo.in (2011). Esboço de Agronomia em Ciências Agrárias. O meu Banco de Informação Agrícola. Documento HTML do Firefox. Recuperado em 17/01/2013 09:41.

Willis, R.B.H., Wong, A.W.K., Scriven, F.M. e Greenfield, H. (1984). Nutrient composition of Chinese vegetables (Composição de nutrientes de vegetais chineses). *Journal of Agriculture and Food chemistry* 32: 413-416.

Zobolo, A.M., Nkabela, C.N. e Mtetwa, D.K. (2008). Melhorar o estatuto dos vegetais indígenas através da utilização de substitutos do estrume de Kraal e da cultura intercalar. *Revista Africana de Sistemas de Conhecimento Indígena* 7(2): 211-222. Actas do 1st protaInternational workshop, 23-25 de setembro, Nairobi, Quénia.

APÊNDICE 1

Registos de dados metrológicos dos locais experimentais.

	BUK			ZKR		
Month	Rainfall	Min Temp. (⁰C)	Max Temp. (⁰C)	Rainfall	Min. Temp (⁰C)	Max. Temp (⁰C)
May	26.4	22.31	39.84	22.3	23.12	38.45
June	158.3	18.78	35.59	152.5	19.31	34.78
July	355.9	19.64	32.95	361.2	19.71	32.36
August	270.7	22.05	32.06	263.4	21.12	32.45
September	97.6	20.76	33.2	89.3	20.34	32.98
October	11.6	21.88	36.0	6.80	22.02	36.23
	920.5mm			895.5mm		

Fontes: Departamento de Geografia, Universidade Bayero de Kano e estações meteorológicas do Governo Local de Gabasawa. (2013)

MIX
Papier aus verantwortungsvollen Quellen
Paper from responsible sources
FSC® C105338

Printed by Books on Demand GmbH, Norderstedt / Germany